Iñaki Ábalos

[西班牙] 伊纳吉·阿巴罗斯　著

李麟学　何美婷　译

绝对初学者
Absolute Beginners

同济大学出版社·上海
TONGJI UNIVERSITY PRESS·SHANGHAI

书名原文：Absolute Beginners

本书仅限中国大陆地区发行销售

著作权合同登记号 图字：09-2024-0713 号

图书在版编目（CIP）数据

绝对初学者 /（西）伊纳吉·阿巴罗斯著；李麟学，

何美婷译 .-- 上海：同济大学出版社，2024. 12.

ISBN 978-7-5765-1340-0

I. TU-865.51

中国国家版本馆 CIP 数据核字第 2024VZ5666 号

上海市版权局著作权合同登记号 图字：09-2024-0713 号

绝对初学者

Absolute Beginners

[西班牙] 伊纳吉·阿巴罗斯　著

李麟学　何美婷　译

出 版 人：金英伟

责任编辑：晁艳

助理编辑：沈沛杉

责任校对：徐逢乔

封面设计：完颖

版　　次：2024 年 12 月第 1 版

印　　次：2024 年 12 月第 1 次印刷

印　　刷：上海安枫印务有限公司

开　　本：889mm × 1194mm　1/32

印　　张：7.75

字　　数：167 000

书　　号：ISBN 978-7-5765-1340-0

定　　价：88.00 元

出版发行：同济大学出版社

地　　址：上海市四平路 1239 号

邮政编码：200092

网　　址：http://www.tongjipress.com.cn

"过去是永远活着的动物"

——剧作家、诗人，阿尔贝托·康尼耶罗

目录

序言

《绝对初学者》是一本讨论建筑的创新形式的散文集。本书是根据《美好生活：现代住宅导览》（下文简称《美好生活》）出版二十年来的各种材料编写而成的，本书不是也无意被看作一本续作。然而，本书保留了与《美好生活》类似的关注点，通过讨论"如何"和"为何"进行建筑创作，试图将那些能够引发巨大的文化兴趣的建筑创作与哲学思想联系起来，尤其是与散文和格言相关的联系。而且，就像哲学一样，这本新书试图诠释为何创新与对过去的反思不可分割且融为一体，以及分析从创新中萌生出适用于旧问题的新方法。

从我撰写《美好生活》到创作这本汇聚多篇文章的文集，已经过去了相当长的一段时间。其中一些文章是我在应对理工学院晋升体系的要求时写的，期间我为了获取学术职称而必须将研究成果提交至一些竞赛中；一部分在应邀参与不同论坛或策展工作中产生；还有一些则纯粹出于个人兴趣和需求。总的来说，我写了一系列文章，在每一个时间点都或多或少地、巧合地既满足了制度化框架下的学术写作要求，又满足了我的个人兴趣爱好。因此，《绝对初学者》的内容由多篇原创文章组成：有为了获得马德里建筑学院（ETSAM，西班牙马德里理工大学的下属学院）教授职位而必须进行的研究（分析弗雷德里克·劳·奥姆斯特德与勒·柯布西耶之间形式的相似之处）；有随后为了获得哈佛大学建筑系主任职位所必需的研究，以及几年后以"传统的沃尔特·格罗皮乌斯"讲座告别这一职位（这是我的一项殊荣，我在讲座中重点讨论了尼采的格言"求知者的建筑学"所带来的建筑学启示）。这些"官方"作品与纯粹为了个人乐趣而创作的文章交织在一起，比如与安德烈斯·德·万德维拉进行的不可能的访谈，一个我十年来不时沉迷的超现实突发奇想；"怪诞—身体"那篇文章最初是为 Babelia（El País 的每周文化增刊）所撰写的；还有在与精选的教授团队共同组织的研讨会上的开幕和闭幕词，我将其汇编成一篇论文，以"二元论"为标题探讨怪异之美的现代性。

我还收录了一些与我策划的展览相关的作品，并为这些展览的目录撰写了论文。比如在马德里艺术协会大楼举办的展览首次展出了布鲁诺·陶特《阿尔卑斯建筑》的所有原作，我曾充满热情地为其撰文。还有，为庆祝马德里格兰维亚大道百年纪念的展览在位于格兰维亚大道心脏地带的电信大楼举办，我邀请了一群年轻的同事参与展览的相关论文和项目，他们如今都已成为杰出而知名的建筑师。近期，我为第十七届威尼斯双年展的展览做演讲，标题为"超时空的公共宫殿"，该项目源自我在马德里理工大学（ETSAM）和哈佛大学设计研究生院（GSD）开设的几门课程，经过来自这两所学校的何塞·德·安德烈斯·蒙卡约、索菲亚·布兰科·桑托斯和阿米达·费尔南德斯等研究助理的帮助对内容进行了修订和拓展，最终形成了一篇论文。这篇论文在很大程度上致敬了罗兰·巴特，他在1972年应米歇尔·福柯之邀在巴黎高等师范学院开设的"如何共同生活"课程中展示了知识自由，这同样也是我在写作和设计方法上的一大灵感来源。

所有这些作品通过七个章节的篇幅采用不同的格式被重新汇编在一起，且经过了彻底的重写，以至于可以说这本书本身就是一份扩展并完善了《美好生活》中许多初始主题的独立论文集。本书质疑了过去在所谓的颠覆性创新遗产中所扮演的角色，从中世纪到当代，这些遗产构成了支撑建筑师形象及其作品的核心，至少到目前为止，这种理解在大多数城市和学术文化中仍然盛行。

这本书绝非旨在成为一本芜杂的材料汇编，而是用上述材料经过努力和热情组合而来的一份成果，这纯粹出于我想编写一部新颖且复杂作品的乐趣。我将初始文本视为必需的片段，同时对它们之间的调整、变化和衔接保持开放的态度，包括在我认为方便的地方使用重复手法或"副歌"，用"音乐性"的技巧将这一切编排在一起。这种工作方法很大程度上借鉴了20世纪60年代末期对录音棚的理解——录音棚就像是另一位音乐家，扮演一个在杂乱材料中构建一份连贯作品的关键角色：例如把自己关在录音室里的披头士乐队和海滩男孩乐队；更近期的有像布莱恩·伊诺、大卫·鲍伊或大卫·伯恩这样的音乐家，他们将这种新技术应用到数字音频的宇宙中；与前者音乐发展及当代影响力相当的，还有从牙买加舞厅中涌现的强劲动感音乐。

因此，这本书是对研究兴趣的一种辩护——不仅在现代历史的进程中，也在其他时间节点——研究创新是如何通过新的技术和意识形态棱镜重新思考过去而产生的，与过去不尽相同。从这个意义上讲，本书是一个有意的赌注，它放弃了极其平庸但广泛存在的关于程序和场所的观念，这些观念是由功能主义和情境主义所捍卫。这一赌注包含了一个毫不掩饰的激进主张：在建筑中，一个好的想法是独立于时间、语境、规模和功能的，因此可以对其进行多种前所未有的探索。这个主张的逆向表述也是真实的：实现好的建筑想法总是有趣的，无论它们的规模、语境、程序或所处时期如何。

《绝对初学者》特别关注于尤维代尔·普赖斯在18世纪末定义的风景如画美学概念，这一概念通过引入基于经验主义对自然的审美观念，改变了古典理想，并对现代性的关键人物如弗雷德里克·劳·奥姆斯特德及后来的勒·柯布西耶（他在现代化进程中对广泛的创作者产生了深远影响）的创造力产生了决定性的影响，并且在20世纪中叶为罗伯特·史密森的雕塑学说提供了基础，由此成就了许多在当代艺术中司空见惯的实践。本书还聚焦于第一批风景如画派作者的伟大发现，即实现新美学观念需要一定程度的丑陋，这种"弗兰肯斯坦效应"贯穿了建筑、文学、电影和视觉艺术的整个现代化进程。此外，它追溯到中世纪建筑关于罗曼式和哥特式的修道院解读，及其对于纪念性类型学的痴迷，致力于促进一种新的、富有成效的精神沉思生活。这些观念随着对海洋的征服和与其他民族文化的接触，催生了类型学、形式和物质性质的交叉结合，带来了极其出色的整合和适应解决方案，这在拉丁美洲尤为普遍。简而言之，这本书叙述并推测那些最杰出的创造者们所接受的、实现新美学形式的必要条件，展现了一场过去与创新之间既困难又充满激情的谈判。

《绝对初学者》最终要求我们——尤其是年轻一代——认识到有必要从遥远的过去中寻找解决方案，从学科积累的知识中，以绝对初学者般的非凡纯真，来借鉴那些能够从过去看到未来的伟大创造者们所呈现的案例。

我要感谢托马斯·克莱默对这本书的兴趣与付出，自从我们一起与帕克图书合作出版了英文版《美好生活》以来，感谢他利用空闲时间和我共同汇编此书，这是一段令人愉悦且充满意义的经历。

我还要感谢何塞·德·安德烈斯·蒙卡约和索菲亚·布兰科·桑托斯为我提供的宝贵支持与合作，他们帮助我理顺了杂乱无章的前期工作，协助我将最初零散的文本组织起来，并将它们穿针引线连在一起。他们在2019/2020年硕士学位的高级建筑项目中测试了课题内容，拟定了本书的初稿并协助审查最终选稿。如果没有他们以及蕾纳塔·森克维奇的帮助，这本书是不可能完成的，蕾纳塔代替我填补了空缺，让我具备了写作所需的时间和精力，从而实现了我所期望的撰写方式，使这段写作和改写的经历成为了乐趣、知识和喜悦的源泉。

Iñaki Ábalos

伊纳吉·阿巴罗斯

怪诞—身体

肖蒙山丘公园的洞穴景观,让-查尔斯·阿尔方,巴黎,1867年。

洞穴是建筑室内的极致形态。自它在18世纪英国风景如画派经验
主义者的想象中实现了复兴以来，洞穴一直在暗中引导着一种贯
穿现代性的魅力。这种魅力正在持续地与着重于建筑外部的理念
争夺主导地位——这种外部中心的理念一直乐于从全局视角试图
俯瞰并主导建筑的风向。事实上，洞穴代表了建筑的核心本质，
是一种对内在力量的需求，一种晦涩的、返祖的中心——而这种
本质是与透明性、可见性和轻盈性的理念相互排斥、对立和背道
而驰的。这种魅力所传达出的普遍吸引力甚至超越了专业上的争
论。洞穴是人类最初发现的室内空间，它持续地发挥着影响力，
被视为一种原始的身体驱动力。让-查尔斯·阿尔方的成功在于将
肖蒙山丘公园的矿山长廊转化为巴黎第一座伟大的风景如画派公
园的洞穴。他将洞穴带离了最初隐秘的所在（这里指18—19世纪
英国的乡村住宅），把它变成一种新的公共空间。洞穴看起来固然
令人好奇，但这个方案的成功之处绝不仅限于此。在洞穴，即在
一个室内空间中，人的身体唤起了自身与外部世界最传统的关系。
从技术的角度来说，人的身体从辐射的受体变成了辐射体。电磁
波向相反的方向传播：这种由人体而非太阳向外辐射所产生的能
量，带给了我们一种特有的冷意，这种感觉比温度计上的数值变
化更为强烈。由此，我们的身体和感官启动了与土质、湿度和地
貌起伏的一场对话，这些在"外面"是无法感受到的。当尼采说，
"我们希望将自己转化成岩石、植物，我们希望在内心漫步……"，
他所说的正是通过原始冲动唤起对抗感知的需要，以此来获得知
识（见格言280：《求知者的建筑学》，引自《快乐的科学》）。[1]

---

1   弗里德里希·尼采（1974），《快乐的科学》，古典书局。

就像其他人类一样，当建筑师臻于成熟，他们往往会感受到洞穴的魅力，那是一种来自地壳深渊处的召唤。我能历数这些名字和案例：比如汉斯·波尔兹克和参与"乌托邦通信"（Die Gläsere Kette，又称"水晶链"）的其他建筑师们，从表现主义者或者虚无主义者的角度利用了这种风景如画派的浪漫主义风格。后来，墨西哥的胡安·奥戈尔曼走了一条与许多人相似的道路，他从早期为里维拉和卡洛设计的现代主义风格的轻盈住宅，彻底转变为晚年自己从熔岩石块中挖掘出来的室内住宅。弗雷德里克·凯斯勒的"无尽之屋"和西塞·曼里克在兰萨罗特岛的住宅也是如此。对这些建筑师而言，洞穴代表了解放，是从分配合理、繁文缛节的世界构建的一种逃离。因为洞穴以天然的状态呈现在我们面前，是地壳力量形成的腔体，完全超然于各种循规蹈矩。这是一种不受文化印记影响的拓扑结构，将隆重的仪式转化为平淡的日常。洞穴保证了一定程度的豁免权，它让一种不可见的状态成为可能，使其自身融入自然，与其他共存的自然元素——熔岩、大地与火焰的力量、空气、光线与湿度，建立亲密的对话。怪诞是建筑师们反复使用的一种形式，几乎是粗暴地将自然时间引入空间，使他们能构建出一个由图像和幻想组成的奇妙世界，这些图像和幻想瞬间涌入我们的脑海，让我们看到平时不可见的东西。它将建筑的三维变化成四维，让岁月流转得以显现。勒·柯布西耶完美地诠释了这种返祖的呼唤，尽管在他早年的作品中很难找到这样的例子。自从有了伊卡洛斯的故事，建筑师们总是一开始被一种轻盈飘逸和飞翔高空的可能性所吸引，却在之后不仅突如其来地返回到脚踏实地的视角，而且还仿佛被强制般地开始研究建筑的内在结构与形态。柯布西耶在年轻时被机械时代的力量和规模、泰勒主义的理论和新的工业材料所吸引，于是他开启了他的职业冒险，构思那些几乎不接触地面、轻盈高耸的结构，它们总是傲然凌驾于城市景观之上。为了更好地观赏，他发明了带状长窗，其水平方向的样式如同窗中映射的景致。起初，他只是在摩天大楼周围画上起伏的树木，以调和机械时代与风景如画派的冲突。但到了20世纪20年代末期，他在海滩上漫步时开始收集一些具有感官形态的天然物品，如石头、浮木、骨头和贝壳，他称之为"唤起诗意的物体"，可能是因为这些物品与纯粹主义、立体主义形式的相似性引起了他的注意。这个爱好很快变成对混凝土及其材料特性的迷恋，同时他对阴影的兴趣也愈发浓烈。遮阳板的发明代替了以往纯粹的玻璃棱柱，最初有机形态只局限于内部隔墙，继而占据了整个建筑。而刚过60岁，勒·柯布西耶就迈出了关键的一步，即面向山峦和宗教题材，于1948年设计了圣博姆大教堂方案。他设计了一座复杂的装置，外观如同一座宏伟的大桥，将信徒从平原地带引领至圣维克多山岩石山体的中段斜坡，并将他们引入一个宽敞的挖空洞穴，让人联想到约拿在鲸鱼腹中的典故。这一项目标志着他在空间处理方式上的重大转变，影响了他之后的所有成熟时期的作品，并引发了现代性的全面转向，同时，现代性也在一定程度上追随着他的个人觉醒。朗香教堂是勒·柯布西耶在这个阶段的杰作，若没有最初的那个项目，这样一座人工建造的洞穴是很难被理解的。同样，如果没有朗香教堂，我们也无法理解建筑学在随后几十年内发生的事情。

从这里开始，我们将时间线推移到1989年，看看大都会建筑事务所（OMA）为法国国家图书馆所设计的方案，这个方案的剖面可

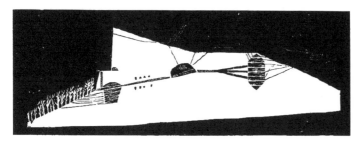

圣博姆大教堂，勒·柯布西耶，法国，1948年。

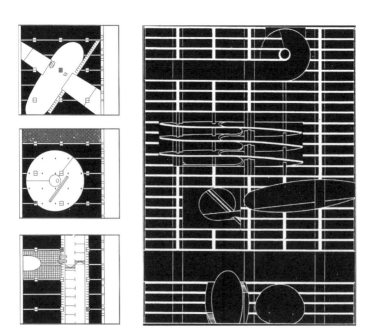

平面图和剖面图：法国国家图书馆（Très Grande Bibliothèque），OMA，巴黎，1989年。

以视作当代建筑的重要概览。此处已无须赘述剖面与它的参考的关联；有意思的是这个方案重新诠释了洞穴与高层建筑，并完全颠覆了最初摩天大楼理所当然是封闭类型的外部原则。储存信息的立方体设定了剖面的体量，基本上可以视作一个巨大的高层档案馆——在立方体中间形成了一个人工环境。在这里，在一系列既像"漫游式建筑"，又像风景如画派洞穴的串联空间中挖掘出公共使用空间，就如同在名为知识的羊水中成型。自然与艺术之间的关系全都被颠倒了，无论是内部还是外部的体验似乎都在探索我们的躯体系统能在多大程度上适应物理环境的彻底改变。曾经沉入地下的拓扑结构——洞穴——如今得以复出，并被重新隐藏在一个没有属性的、纯粹的体块里。曾经身体体验到的与自然环境之间频密的对话，现在发生在完全人为艺术加工的环境中。现代性中分离的两极（摩天大楼和洞穴）在一个有机体中结合在一起。高度带来的眩晕和全景视角，以及实际躯体体验和时间的活性化，让不同的躯体冲动被困在一个"怪诞"的结构中，而这个结构本身就是一个新的、艺术性的人造自然。在这里，摩天大楼—洞穴的二元性被整合到一个更复杂的整体中，可以被视为一种新型的、紧凑的氛围感公园的原型。洞穴、摩天大楼和公园实质上成为了同一事物，这种"同一性"期待着在创造新"体验"的同时，重新激发我们的主观性。

求知者的建筑学

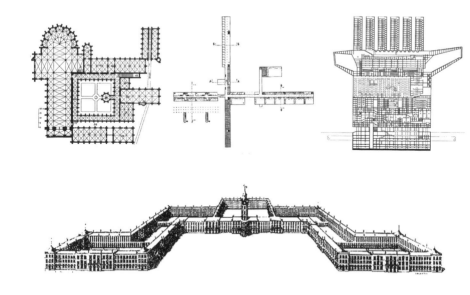

（上左）罗亚蒙修道院，1228—1235年。

（上中）公共住宅，米哈伊尔·巴尔什和弗拉基米尔·弗拉基米罗夫，1929年。

（上右）亚特兰波尔，汉斯·科尔霍夫，1988年。

（下）费南斯特，查尔斯·傅立叶，1822年。

感谢大家今晚出席。为了庆祝今晚的讲座，我选择了一个在座无人能自认为是专家的主题。这个主题是学术活动的核心课题，特别是哈佛大学设计研究生院（GSD）及其建筑系的核心主题——教育、研究和职业实践之间的关系。

我将通过一种奇特而几乎被遗忘的建筑类型来探讨这一主题，那就是中世纪修道院。沿着其在时间长河中略带矛盾的演变，直到它转变为我认为对建筑师教育最有趣的类型之一：如今商业上称为"混合使用"的类型。在我看来，这只是一个处于"懵懂"时期的原型，却具有巨大的潜力来应对当代建筑的凄惨状态，提高生活质量，改造我们的大都市。

在座的许多学生很快将成为世界各地其他学校的教师，并将传播GSD的设计文化。而我今天的目的是通过展示一些我目前的学术兴趣，向他们证明将教学和实践理解为一种知识形式的价值。

与许多工作室导师一样，我将"自选工作室"（Option Studios）视为一个实验空间，在那里我可以测试那些仍在形成过程中的想法，让学生们通过自己的设计积极地寻找探索路径。通常，这种经验会转化为展览、论文或文章，启发出新问题，并产生新的工作室，等等。今年的自选工作室以"当代混合型主体、形式和表现"为主题，致力于测试基于探索当代混合使用建筑类型传承的设计草案，如中世纪修道院及其在社会主义中的后继表现，即社会主义共和社区或共产主义公社。因此，这次演讲在很多方面都是自然而然的结果。为什么选择中世纪修道院呢？近年来，人们经常问我在剑桥的生活情况，我总是提供同样的回答：我现在过着像修道士一样的生活，与世隔绝，我的时间被精确地分配在教学、学习、实践、写作、会议和写电子邮件之间。每周的每一天都是如此。

这种回答有点平凡，因为在这里的每个人，无论是教师还是学生都有同样的经历。但正是这种可重复性引起了我的兴趣，让我想知道中世纪的修道士实际上是如何生活的。从建筑学的角度看，他们的动机、日常生活和组织形式是什么？我可以从他们那里学到什么？

我相信很多人都有同感，那就是可能由于哥特式大教堂的完美，我脑海中许多中世纪其他至关重要类型的修道院都被掩盖了，所以直到最近我才对西多会修道院和加尔都西会修道院的类型学产生了兴趣。而这种被掩盖的类型或者说类型学的研究对我们现在的认知基础、知识传播以及为我们所认知的大学生涯铺平道路具有开创性意义。

我想向你们展示一些图像，它们体现了修道院类型的整体背景，而不仅仅是我们过去所看到的纪念性核心。这些画描绘了修道院的整体物理环境，给我留下了深刻的印象，因为通过这些作品，我了解到修道院的最终成功与他们的生产文化都基于他们所拥有的土地。这使他们不仅能够生存下来，还能够通过大量的商品交换与周围的村庄互动，促进了当地的市场经营，进而促进了村庄的经济发展。日益增长的经济交流，引发了领土构成的新趋势，开启了文艺复兴时期对领土和文化的理解。

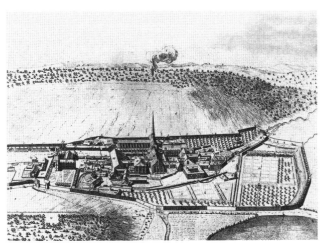

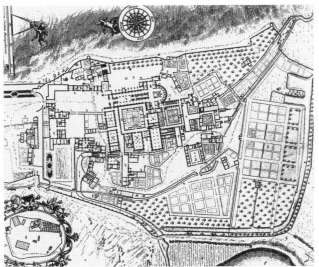

克吕尼修道院的景致，1670年，由路易斯·普雷沃斯特绘制。
克莱尔沃西多会修道院平面图，法国，1115年，绘于1708年。

总而言之，修道院类型不再像目前生态学上所说的"封闭系统"。因为我发现实际上它们是作为"开放系统"运行的。这种空间机制以教堂和回廊为中心，形成一个个对私密性需求逐步递减的区域。中心区域后面是其他区域，从新教徒的家庭区域开始，他们并没有专注于沉思生活，而是成为农业、畜牧、水利、锻造（青铜、瓷砖、玻璃）等领域的劳动力；这些区域又与另一块占地面积很大的区域相邻；最后是位于边界的天然森林，它们提供了产生热量的资源。这种私密领域系统从那时起一直是建筑各种混合使用类型的主要构成。

从生态学的角度来看，修道院是最成功的混合使用建筑类型，无论是从时间上还是从空间上都是如此。从时间上看，修道院经久不衰，存续至今；从空间上看，修道院成功地遍布欧洲各国，为中世纪村庄的文化和经济发展作出了独特的贡献。

多年来，我一直专注于探索现代主义和当代建筑中混合使用类型的潜力，却在某种程度上对其有趣的先驱（建筑）视而不见。在我最早的一篇题目为"混合体"的文章中，我整理的一系列复杂的结构逐步构建出了一个混合使用类型的谱系。

这一系列的建筑探索始于沙利文的罗马式礼堂，继而涵盖了令人印象深刻的芝加哥约翰·汉考克中心，以及一些重要的未建成项目。随后，在我的书籍《塔楼与办公楼》中（感谢当时还不认识我的迈克尔·海斯的热情评论，我出版了这本书），我详细研究了现代主义建筑师的理念演进，这些建筑师受到了泰勒主义原则的启发，将

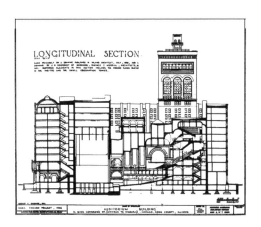

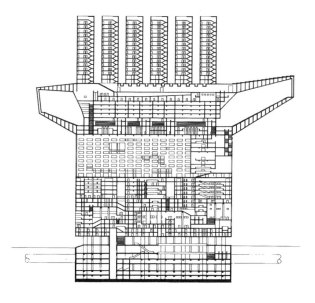

礼堂大楼，路易斯·沙利文，芝加哥，1887—1889 年。
亚特兰波尔，汉斯·科尔霍夫，南特，1988 年。

分工原则应用于摩天大楼的各个技术方面，包括功能、结构、立面、核心、机电系统等，每个部分都有独立的处理和设计。实际上，战后的发展表明，现实情况却恰恰相反。建筑的各个组成部分共同构建了整体，融合了系统和功能，这与单一功能摩天大楼的空间和组织逻辑相矛盾。这导致了一种认识，即摩天大楼设计是一个新的领域，所有子系统都必须适应、协调和合作以实现协同运作。这些示例代表了从初始实验原型到建筑类型的整合固化这一漫长过程中的一个瞬间，而这一瞬间是通过处理特定时期的物质文化得以构建的。我的研究中重要的一部分致力于解释混合使用建筑类型的原型，因其在社会、生态和热力学方面具有潜在的高效性，我将其视为未来迭代实体的前身。在我的教学和实践中，我尝试了新的设计方法，挑战了传统商业的陈词滥调，将其与诸如怪诞之美、二元论或热力引擎等概念进行对比，旨在为混合使用建筑的演变开辟新的方向。时隔25年再对文章《混合体》进行修订时，我发现那些不那么商业化但在某种程度上更具前瞻性的方案引起了我的注意，比如OMA为法国设计的图书馆及其颠覆了现代主义内部/外部关系的新型塔楼设计，或者科尔霍夫在亚特兰波尔中对多种类型（私人和公共）进行的大规模垂直协调。前者将侵入作为主要设计手法，将勒·柯布西耶的海滨长廊延伸成风景如画派的版本；后者则将混合使用类型的轮廓塑造成一座巨大的纪念碑式雕塑。以上示例与我在本次演讲中借用尼采的标题"求知者的建筑学"产生了共鸣，这个标题来自尼采1882年首次出版的著作《快乐的科学》中的第280条格言。在我认为我的职业生涯最重要的三本书中，我都引用了这一格言，这三本书分别是《塔楼与办公楼》《美好生活》和《建筑热力学与美》。让我们来看看这则格言。

98

Cota −4m
Level −4m

Cota −2m
Level −2m

Cota −1m
Level −1m

Cota 0m
Level 0m

Cota +1m
Level +1m

Cota +2m
Level +2m

Cota +3m
Level +3m

Cota +4m
Level +4m

Cota +5m
Level +5m

Cota +6m
Level +6m

Cota +7m
Level +7m

Cota +8m
Level +8m

Cota +9m
Level +9m

Cota +10m
Level +10m

Cota +11m
Level +11m

Cota +12m
Level +12m

Cota +13m
Level +13m

Cota +14m
Level +14m

Cota +15m
Level +15m

Cota +16m
Level +16m

Cota +17m
Level +17m

Cota +18m
Level +18m

Cota +19m
Level +19m

Cota +20m
Level +20m

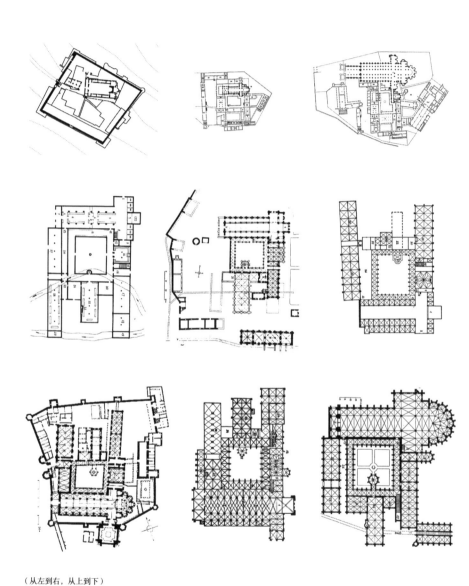

（从左到右，从上到下）
圣凯瑟琳修道院，克吕尼修道院Ⅰ，克吕尼修道院Ⅲ，西多会修道院的理想平面图，
丰特奈修道院，埃伯巴赫修道院，波布莱修道院，莫尔布龙修道院，罗亚蒙修道院。

第一部分：修道院

总有一天，也许就在不久之后，我们会意识到大城市最缺乏的
是安静、宽阔和广袤的反思空间。这些地方有着又长又高的回
廊，用以应对恶劣天气或过于明亮刺眼的环境。在这些地方，
没有车马的喧嚣和噪音的干扰，甚至，出于礼仪的自觉，牧师
们祈祷的声音都不会太大。这些场所完美地表达了深思熟虑与
超然物外的崇高境界。教堂对思考的垄断时代已经过去，曾经
沉思生活必须首先是宗教生活的观念也随之消逝，教堂建造的
一切都体现了这种思想。即使剥夺了这些建筑的教会用途，我
们就能对它们满意吗？这些建筑语言过于夸张且拘谨，它们提
醒着我们，这里是上帝之所，是某种超自然交流的浮夸纪念
物；我们这些无神论者在这样的环境下难以沉浸在自己的思考
中。我们渴望看到自己转化为石头和植物，希望当我们在这些
建筑和花园中漫步时，能够让自己沉浸其中。[1]

最后那句话无疑是一句令人惊叹的建筑微观宣言，其美感几乎让
人无法抗拒；它之所以能够说服我们，纯粹因为它足够优美。无
论你是否相信，在我引用这句话的这些年里，我并没意识到尼采
对某一特定的建筑类型有多少思考，我原以为这只是一个泛泛的、

1　弗里德里希·尼采（1974），《快乐的科学》，古典书局。

哥特式和风景如画派的梦想。直到现在，当我对修道院这种建筑类型产生兴趣时，我才意识到他在写下这段文字时，心中有一座具体的修道院。然而，在我详细分析之前，请允许我邀请你们通过浏览从不同修道院选取的图像，让你们的意识在这些石头和花园间漫步，感受它们的主要空间散发出来的氛围，并对它们的差异有一个大致的了解。

首先这里有礼拜堂，是修道士和院长阅读和品谈戒律的地方。戒律规定了他们的生活方式，让他们在礼拜堂中井然有序。在回廊处，他们或徜徉漫游，或独自静默，或结伴而行。回廊的方形在长度、高度、宽度和深度上都代表着神圣的完美。喷泉，是一个象征着生命和纯洁的元素。餐厅，是修道士们聚集的地方，但他们都沉默不语或潜心阅读。图书室，是他们学习或抄书的地方。宿舍，除了院长以外，所有人都睡在那里。圣堂，是他们唱赞美诗、颂扬神性的地方。唱诗班座椅区，是修道士们做弥撒的地方。厨房是修道院的热力学中心，毗邻食堂和取暖房，这里提供暖气，可用作起居室，特别适合生病和年老的修道士使用。最后还有花园，修道士们在那里可以尽情享受他们有限的闲暇时光。

尼采的格言就像我们欣赏这些图像一样。它们既是诗歌，同时也是最具修辞性的哲学，不会陷入任何逻辑教条所编织的形式困境。

格言是一种散文或微散文，以最直观的方式传达思想，追求修辞上的说服力。这种方式接近于设计行为，包括投射思想，并将其具体化为形式，力求以设计的适当性和重要性说服他人。将建筑项目与散文联系起来，使得哲学与建筑、空间和时间领域融合，共同作为知识的支柱和基础。因此，哲学运用建筑隐喻和建筑需要哲学思维也就不足为奇了。更重要的是，我们可以将格言视为一种综合的书面形式，它将模糊、分散且没有重点的想法、反应、阅读或讨论凝聚起来，并使其具有整体性。只有形成了这样一个富有煽动性而具有讨论价值的整体，才能发展出潜在的研究路径。

我之所以谈论格言和项目之间的类比，是因为在我的脑海中有一个中心思想：就像格言的金句优先于其他的文字表达，项目也是优先的。它们作为启示的媒介对我们产生影响。其实研究过程和确立项目本身并没有一个明确的因果关系。如果有，那么反而是反向的关系。项目在一开始出现的时候是一个复杂的整体，它的逻辑结构会在突然间全部强加给所有先前的信息，而这些信息其实一直在热身准备着这一时刻的来临。只有当项目摆在我们面前时，我们才能确定需要阐明的研究课题。

也许我有点太激进了，项目并不优先于其他一切。它们以综合和事实的方式呈现在我们面前，好像比任何其他事物都更重要。但我们不得不承认，它们将无序的想法、对话、图像、记忆和阅读整合起来，所有这些突然以一种全新的形式结合起来。这种方式如此新颖，能够将曾经杂乱无章且毫无意义的元素联系起来，并呈现为纯粹有序且具备形态感的效果。这个观点对我们如何看待设计和研究时各自所处的角色与时机产生了影响。

回到尼采的话题，他在这个格言中运用了两种明显的修辞手法。

（从左到右，从上到下）

威尔斯大教堂礼拜堂，英国，1310年。

圣多明各德西洛斯本笃会修道院的回廊，西班牙，954年。

圣玛丽亚德拉韦尔塔西多会修道院的食堂，西班牙，1150年。

蒙塔莱格里加尔都西会修道院的图书室，西班牙，1415年。

圣洛伦佐迪帕杜拉加尔都西会修道院的回廊，意大利，1306年。

埃伯巴赫修道院的宿舍，德国，1136年。

丰特奈西多会修道院的教堂，法国，1118年。

（从左到右，从上到下）

约克大教堂礼拜堂，英国，1342年。

波布莱西多会修道院的喷泉，西班牙，1151年。

丰特奈西多会修道院的教堂，法国，1118年。

圣艾蒂安本笃会修道院的教堂，法国，1136年。

格洛斯特本笃会修道院教堂的唱诗堂，英国，1089—1499年。

圣洛伦佐迪帕拉杜加尔都西会修道院的厨房，意大利，1306年。

一个是他所设想的未来，"总有一天，也许就在不久之后"，以及一个"我们"——预设并希望吸引读者参与，鼓舞着听众。如果我们接受并成为他的听众的一部分，我们就会相信建筑能够产生知识，或者说它应该产生知识。而且我们会想要了解大城市中缺少什么。我们正是被这些问题所吸引。

尼采接着说："教堂对思考的垄断时代已经过去，曾经沉思生活必须首先是宗教生活的观念也随之消逝。"而我们作为无神论者/无信仰者，过去无法在宗教活动的场所建设中获取知识。"我们渴望看到自己转化为石头和植物，希望当我们在这些建筑和花园中漫步时，能够让自己沉浸其中。"这就是尼采为我们指引的方向，一个让我们都能理解的肯定的方向，虽然其形式是与预期建筑初衷完全背道而驰的修道院：一个反例。尼采格言背后的悖论在于，建筑形象不是用作范例参考，而是被当作反例。我们不想要它，但却没有替代的模型。我们无法用其他语言或其他形式来描述我们想要的，因为它们不存在。尽管如此，我们渴望它们，需要它们。我们既想要修道院，又不想要它。

也许现在是时候思考一下，这些用于探寻神圣知识的建筑是如何建构的。最初，它们采取了可以完全与世隔绝的避难所形式，就像洞穴中的隐士一般，后来慢慢演变成修道院的组织形式，经过几个世纪才得以成形。关于这些词汇的一些词源学资料告诉我们，修道院（monastery）一词源自"独居"（monazein），而修道士（cenobite）一词源自"共同"（koinos）和"生活"（bios）。这显示了修道院的二元性，既是个体的避世之地，又具有共同生活的特征。在下面的图示中，我们可以看到初始形态的修道院开始荒废

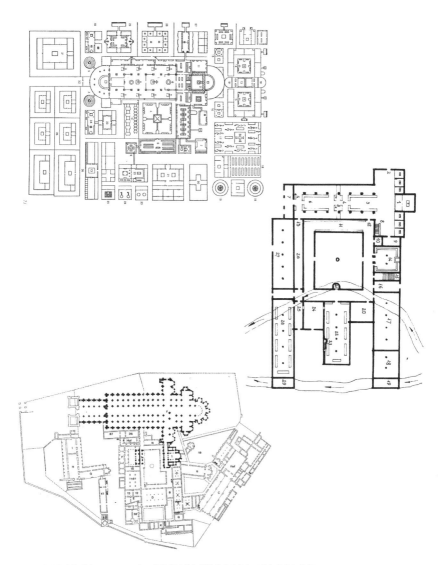

圣加尔本笃会修道院平面图，820年，由海托（赖兴瑙修道院院长和巴塞尔主教）绘制。

理想的西多会修道院平面图。

克吕尼Ⅲ本笃会修道院，法国，1088年。

的一些节点，和随后回廊逐步作为新式修道院生活不可或缺的象征的建立过程。这一演变的著名时刻出现在公元820年的圣加尔平面中，由赖兴瑙修道院院长和巴塞尔主教海托绘制，而巴塞尔恰好是尼采曾经居住的地方。

据我们所知，这是欧洲最早的建筑平面图，是一个理想修道院的组织平面，远离世俗，具有自给自足的特点。值得注意的是，平面图中有一个与教堂相连的方形回廊，它在教堂旁边为修道院生活提供了一个内部空间，通常朝向南方，以便利用阳光的温暖来满足修道士们的日常生活需要。

我们暂且不讨论围绕这份平面图的争论，它既是一份划分功能区域的图表，也是一张清单，列出了使修道院能够在相对孤立的环境中生存下来的部分（尽管圣加尔曾是一个重要的朝圣地和政治权力中心），并且对不同分区的地理位置和相邻关系进行了初步的模拟，以反映出一个在浅显而抽象的场地概念上完成的高效组合设计。该场地仅受教堂和回廊东西向布局的必要性约束，而教堂和回廊作为修道院生活的核心，获得了更明确的建筑定义。

在11世纪和12世纪之间，随着克吕尼本笃会修道院和后来的圣伯纳德西多会修道院的发展，这一平面所定义的原型也在迅速演变。

在过去几个世纪中，修道院的整体形式和物质系统得到了完善，主要通过围绕回廊布置有限数量的房间（包括礼拜堂、餐厅、厨房、宿舍、厕所和教堂等），并随着各个建筑组成部分和每个不同房间在回廊中的位置得到固定，各种资源（如饮用水）的供给需求也得到了满足。实际上，西多会修道院类型的确立，建立在圣伯纳德给出的临河修建这一指示的基础上，这也进一步解释了其餐厅和厨房位置的设计初衷。

水的各种用途都很重要，因此它被引导和组织成两条平行的水道。一条是喷泉的水源，主要用于日常饮水和清洁，同时也是回廊中的基本元素；另一条用于水磨，以及处理厕所和厨房中的排污工作。

这种演化过程遵循着修道士的生活规律，以试图在适应修道士的抽象精神追求的同时，寻求一种让最高形式的抽象得以具体化、知识化的表现形式。这种从原型到类型的进展在很大程度上通过坚持使用一种材料，即石头，来获得最终形式，当时石头仅用于教堂、堡垒和宫殿。

石材有自身的建筑规则，以系统的方式支配着每个不同元素和房间的形状。西多会修道院颂扬的是立体美，与克吕尼修道院强调的装饰性形成鲜明的对比。其中一些修道院，如保存完好的法国索罗内特修道院，是建筑形式抽象力量的真正体现，这种抽象赋予了西多会修道院独特之处，并使其不再执着于我们在克吕尼修道院中所能找到的自然形象幻想。

我提及这些是为了强调类型学不仅仅是图表或概念。在成为实际类型而非实验原型的过程中，存在一种寻找物质性，并从建构、立体切割和热力学的角度对其进行调整的过程，该过程赋予了类型一致性和可被成功复制的能力。类型学并非抽象概念：它们由

索罗内特西多会修道院，法国，1176年。

物质构成，在物质文化的基础上形成，并且只有通过形式、物质和流动的完美结合才能取得成功。

修道院及其基础设施被辅助建筑、农田和森林所环绕，这种一致统一形成了一个自给自足的实体，其内在美来自于简单和复杂的共存。用勒·柯布西耶的话来说，它是一台"生活的机器"；更确切地说，它是一个代谢机器，在这个机器中，一小群修道士生活在一系列明确的，甚至是机械化的规则和规范下。

然而，这种发明究竟具备何种吸引力，以至于上流社会的骑士们舍弃奢华的生活、放弃最本能的享乐，将他们的财富捐献出来，投身修道院，选择与世隔绝和贫困的生活？

答案在于沉思生活所提供的有保障的幸福感，因为在当时追求精神和信仰的生活方式是占有绝对优势的。而修道院生活中的幸福是什么？引用建筑历史学家克里斯汀·史密斯的话："最伟大的善，至善，是与上帝合一，部分在今生体验，全部在永生中实现。修道通过祈祷、忏悔和与世隔绝来追求与上帝合一，这是共同生活者所追求之事。"[1]

因此，这台生活机器作为中世纪背景下一个新的另类主体——修道士——的类型得以物质化。修道士通过生活和日常，将自己完

1　引用自克里斯汀·史密斯在哈佛大学设计研究生院2016年秋季由伊纳吉·阿巴罗斯和索菲亚·布兰科·桑托斯教授的"当代混合型主体、形式和表现"课程中关于修道院类型学历史的课堂讲座。

全奉献给所信奉的清规戒律，而这信仰也精细化地影响着他们的日常安排和活动，每一天都一成不变。

每隔三小时，修道士们都会进入教堂，从凌晨2点开始唱赞美诗。合唱的缓慢节奏，也可以说是他们生活的节奏，与作为大型共鸣室的教堂相适应，这与我们现在在表演艺术中看到的对共鸣的执着是不一致的。修道士们日常时间表中的其他活动包括沉思和祈祷，通常是在回廊四处走动时进行的。还有阅读神圣经文，或者在图书室抄写保存下来的希腊、罗马、希伯来或阿拉伯书籍，这些意味着中世纪和中世纪后的知识和教学组织具有一种世俗维度，这是最令人感兴趣的。

这个方案，既是一种生活协议，也是一种建筑协议，但默许一些变化的发生。如果说圣本笃和圣伯纳德创造了西多会修道院的原型，那么圣布鲁诺在创造了加尔都西会修道院的同时，寻求以一

修道士们进入教堂，一个修道士在回廊里读书。

种更加激进的方式去构建宗教生活，通过对修道士施加完全的沉默和最大程度的隔离，增加了这种共修生活的隐士成分。这一有趣的替代品取代了西多会类型的集体宿舍，采用带有独立庭院的小屋，将各个小屋围绕在一个通常设有喷泉的中央花园空间周围。

总之，新的主体、规则和类型，在它们的生态环境中，作为一种追求幸福理念的机制发挥着作用。主体、规则和类型其实是同一件事，它们三者在组织、经济、构造和生态层面上都是必要的，它们构成了一种建筑和知识，同时也自相矛盾地创造了一个与修道院格格不入的新世界。

在尼采时代，所有这些几乎都已经消失。16世纪30年代末，亨利八世解散了英国修道院。在整个16世纪，这一进程蔓延到路德教国家，并在18世纪法国大革命后扩展到天主教国家。可以说，这种模式被自身的成功所推翻。不仅因为他们催生了一个新的受过教育的世俗阶级，而且因为修道士们最终放弃了贫穷和与世隔绝的原则，在某些情况下回归城市并开始抨击教会、王子或国王的权力，并将它们指摘成同一种问题。

但这一模式亦产生了另一种奢华的类型版本，即修道院宫殿。埃尔埃斯科里亚尔是这一类型的第一个典型例子，这一风尚很快在16世纪和17世纪传播到其他君主制国家。埃尔埃斯科里亚尔的平面布局呈现出一个复杂的方案，严格遵循对称规则，宫殿通过中轴线与教堂相连，修道院、回廊和其他空间被置于右侧，而法院和其他多功能活动场所被归入学校，一并放置于左侧。

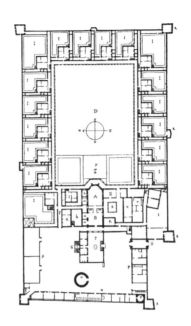

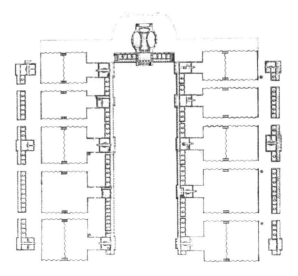

克莱蒙修道院，法国，1219 年，由维奥莱-勒-杜克绘制。
弗吉尼亚大学校园，托马斯·杰斐逊，弗吉尼亚，1814 年。

第二部分：公共宫殿

我不会深入探讨这种类型学的社会政治含义。我只想提及这种新型修道院—宫殿形式作为类型学创新具有无可争议的重要性，它是一种非同寻常的混合体，也是混合使用类型的第三个版本。在19世纪初期，当宫殿和修道院成为法国大革命（1789年）和美国独立战争时期（1775—1783年）所推动的"社会凝聚器"和大学校园等革命思想的参照点时，这种类型学带来了令人惊讶的新提案。现在，让我们比较一下这一革命时期的修道院的两位后继者——托马斯·杰斐逊和查尔斯·傅立叶的贡献。

在1819年到1826年之间，托马斯·杰斐逊的建筑技能无疑超过了傅立叶，他设计并建造了弗吉尼亚大学，这是一座致力于在世俗化的沉思生活中求知的建筑，我们都知道这个模式在美国和世界范围内的传播有多么成功。杰斐逊提出了一个众所周知的平面布局，围绕中央的草坪布置一系列亭楼，以一座包揽了最具意义的集体活动的建筑领头，而建筑群的其他开口则全部通向自然景观——不幸的是，如今已有新的建筑取代了这一设计初衷。

不可避免地，我们将这个类型的方案与加尔都西会修道院从11世纪开始制定的修道院类型的演变联系起来。在这种类型中，每个修道士都有自己的房子和果园，整个构图围绕着一座中央庭院或花园展开，以教堂为首，进一步环绕着一系列小庭院，以容纳不同的功能和仪式。

我不清楚杰斐逊是否曾提到过这两种布局之间的类型相似性，也不知道他是否在法国期间参观过任何加尔都西会修道院。我感兴趣的是它们在形式和功能上的类比。在形式上，虽然杰斐逊的校园保留了修道院的类型方案，但其哥特式本土风格被改造成了一种与帕拉第奥式风格相同的、与启蒙运动相关的、崭新的都市文化风格。在功能上，杰斐逊再现了修道士的隔离，各个亭楼专门用于特定学科，楼上住着教授，下面的房间用于上课，而学生则像新信徒一样被安置在外围，呈环形聚拢，却与内环分隔开。

众所周知，美国大学继承了中世纪修道院的模式，这一点在今天与校园生活的规律结构相关的多个方面仍然明显：从学术等级的术语（教务长、院长、系主任、讲师）到我们在毕业典礼上穿着的学士服，再到严格安排日常生活的紧凑课程表。因此，我所谈论的这些惯例，对于我们的日常生活来说，无论是作为修道士的教授，还是作为信徒的学生，都不陌生，都同样致力于打造一种可以被世俗化的知识形态。

埃米尔·杜尔凯姆 1939 年在其著作《法国教育演变》中，最后指出了一个众所周知的事实，即在所有中世纪的机构中，大学是最接近其最初构想的。我提到这一点只是为了构建这次讲座与我们所有人之间的密切关系，我们在某种程度上既是它的主体又是它的客体。

欧洲的共和社区理念根植于乌托邦社会主义思想，是对于工业生产方式对工人阶级生活质量影响所作的回应。同时，它也是对当时完全漠视社会问题而亟需改变的资产阶级生活方式的反抗。与许多其他社会评论家一样，查尔斯·傅立叶将这种情况视为提出全新议题以及新建筑原型的机会：共和社区（phalanstère），其名称明显暗示了其渊源，融合了"方阵"（phalanx）、"军队"（troop/army）和"修道院"（monastery）。从历史背景上来看，当时是1822年，与杰斐逊的方案处于同一时期，比《快乐的科学》出版早六十年。

共和社区代表了对主导生产方式的一种替代，推动了将整个结构作为一种能替代家庭单元的合作体的发展方向——家庭单元可以被允许存在，却不是必需或值得提倡的（事实上，他提出了"家庭社区"作为一个更恰当的版本）。

对于傅立叶来说，就像对本笃会修道士一样，幸福是他提案的核心。在傅立叶的愿景中，这是一种尘世的幸福，一种集体和个体都能享受的幸福，它在改善劳动力组织的基础上，为追求文化、激情和实现其他原始冲动提供了更多的时间，而无法实现这些冲动的挫败感被视为所有问题的根源。在这一历史脉络中，这一愿景首次将妇女的平等地位问题纳入其中（事实上，"女权主义"一词的发明常常归功于傅立叶），并推动了无政府主义的理论发展，为实现共和社区乃至20世纪60年代嬉皮士社区的多种尝试提供了灵感。

但是我们不应该自欺欺人。共和社区是一种具体的生活方式，这种生活方式与中世纪结构最严谨的修道院规章制度一样有章可循、一丝不苟，实际上它复制了许多准则，其中包括令人惊讶地将组织划分为两个社会阶层的方式，就像中世纪根据人们的社会地位划分出修道士和俗人的方式一样。

傅立叶提出构建一个大约可容纳1600名居民的社区，以便长期维持其人口和经济，他们居住在围绕庭院和长廊组织的大型线性建筑中。总体构图的对称实际上隐藏了高度组织化的空间分区，儿童占据侧翼，在那里他们接受自由主义理念的教育，而厨房和餐厅是共享空间，平面构图的中心致力于发展艺术和知识，设计涵盖了一座图书馆和一座剧院。

农业和工业项目位于共和社区的前方，这个构图可以看作是新的圣加尔平面。尽管共和社区在很大程度上遵循了将修道院生活和宫殿生活集中在巨大建筑中的趋势，但是在这里，国王的角色被一种渴望着融合工作和激情的社会幸福的个人所取代。共和社区还体现了一种环境完全可控的乌托邦，这种乌托邦无疑是温室、大棚和暖房在当代发展的呈现，预示着人们对舒适和气候的兴趣。我们可以将其视为一种神学上的痴迷：在地球上创造一个天堂。

在19世纪初，我们看到修道院这一类型在演变过程中出现了两条不同的道路。作为革命性大学的典范，这个类型强调了知识的核心地位和与世隔绝的修道院式生活。而欧洲社会凝聚器则侧重于整合替代性社区，以寻求一种对个体和集体都有益，且具有生产力、生态学和心理学益处的模式。第二种趋势在社会民主主义的"红色维也纳"中得到了具体化，其中包括1930年兴建的卡尔·马

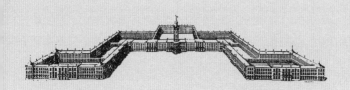

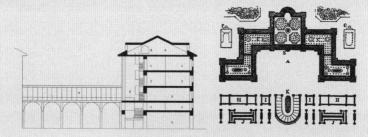

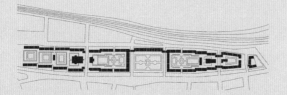

（上两行）共和社区，查尔斯·傅立叶，1822 年。
（下两行）卡尔·马克思大院，卡尔·恩，1927—1930 年。

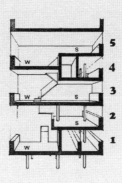

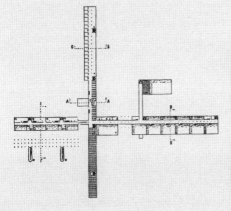
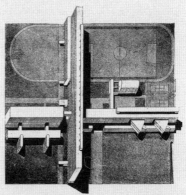

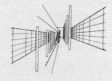
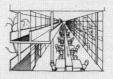

（上）纳尔科姆芬大楼，莫伊谢·金兹堡和伊格纳蒂·米利尼斯，1928—1932年。
（下两行）公共住宅，米哈伊尔·巴尔什和弗拉基米尔·弗拉基米罗夫，1929年。

克思大院，这座雄伟的建筑长达一千米，专门用作围绕一系列庭院组织的大规模社会住房。按照母婴诊所、医疗保险办公室、洗衣房和托儿所等服务进行划分，共有约25项设施，展示了工人阶级的力量。这座建筑有时更像是一座堡垒而不是宫殿。

然而，社会凝聚器在俄国革命后产生了更有趣的例子。关于劳动公社和平等社会的激进思想，这种既不受家庭单元的统治、也不受神圣秩序的约束的思想很快就产生了建筑示例，如由莫伊谢·金兹堡和伊格纳蒂·米利尼斯于1932年设计的纳尔科姆芬大楼，或伊万·尼古拉耶夫于1929年设计的纺织学院。在这些建筑中，工厂就相当于修道院类型中的教堂。

不出所料，共产主义社会凝聚器的规则，即共同生活（或社区、公社，俄语kommuna），再次成为其类型学定义的重要组成部分。与修道院生活的规则类似，共同生活也是按照时间严格安排的，其驱动力是工业生产拜物教和泰勒主义思想，即将时间分解为最小单位，小至两到三分钟。新的公社主体将自己的家庭交给国家，并通过献身于机械化劳动来实现个人价值，他们将在这个世界找到一种集体形式的幸福，但这依赖于他们目前的高效工作和国家规划，以期在未来得到实现。

这个想法在1929年由米哈伊尔·巴尔什和弗拉基米尔·弗拉基罗夫设计的R.S.F.S.R.（俄罗斯苏维埃联邦社会主义共和国）公共住宅项目中找到了属于自己的圣加尔平面。其中，两座线性建筑以十字形状巧妙组合，将200米×230米的街区分为四个开放式庭院。这些纤细体量的交会处（由于对光线和通风的需求而产生）将项目分为沿南北轴延伸的住宅部分，由9平方米的独立单元、集体食堂和其他服务设施组成。这条细长的轴线与另一条东西向的线性结构相交，其中一侧为儿童提供学校，另一侧则为工人提供休闲和再教育项目。

对于流水线的崇拜不仅体现在生产超薄的板材上，而且在餐厅中达到了巅峰。那里有一个机械化的餐盘分配系统，类似于今天一些日本餐厅使用的传送带，进一步加强了其线性组织。

这种程式化项目的美感及其对规则/类型/物质文化的信仰，适应共产主义形式的幸福观，几乎构成了"摩登时代"（借用查理·卓别林的标题）的夸张描绘。这表现出我们这个时代的多变状态，特别是20世纪的政治议程。这些社会实验对于尼采来说可能毫无趣味，因为他崇尚的新个体——"超人"的构建，远离了对教育的社会化理解，而更接近一种以沉思内在矛盾为中心的个人主义观念。

这里可以与我在《塔楼与办公楼》中提到的表格联系起来，这是专注于社会凝聚器的另一种模式，即资本主义混合使用类型。它在很多方面都是冷战的产物，受利润、消费主义和技术展示的支配，并以垂直分层的方式组织，从而最小化对土地价值的影响。这种类型的高度垂直化要求采用一种新的设计技术，即通过组织剖面而不是平面，来调整街上人流和位于顶部的住宅单元之间最大分隔要求的私密性梯度。为了定义迭代的主体和规则，我们必

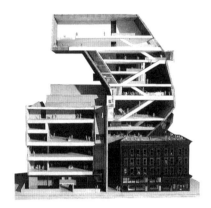
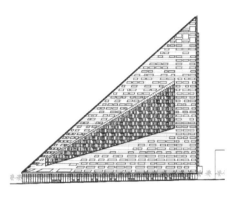
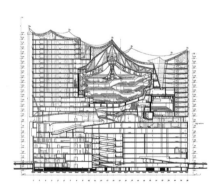
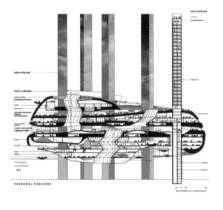

惠特尼博物馆扩建，OMA，纽约，2001年。

维亚57号西，BIG，纽约，2014年。

易北爱乐音乐厅，赫尔佐格＆德·梅隆，汉堡，2003—2016年。

M-40高速公路酒店＆休闲中心，阿巴罗斯＋森克维奇工作室，马德里，1997年。

须跟踪国际资本投资和房地产数据的流动，描绘后现代主义特征和典型居民的详细画像，他们不再是超人而是超级富豪，隐居在金色塔楼的巨型单元中，抵御任何形式的异类——正如 J. G. 巴拉德在他的小说《高层》（1975 年）中所描述的那样，现在这本书已经被改编成一部有趣的电影。

1931 年竣工的纽约华尔道夫·阿斯托里亚酒店是这一理念最有趣的建筑迭代：精致的住宅酒店是资本主义对社区的替代。但这并非事实的全部。

今天，许多著名的建筑师，如 OMA、BIG、赫尔佐格＆德·梅隆等，已经构想出一些方法，可以在这种类型的潜在特性上进行有趣的实验，并致力于对社会、城市和方法论的引申义进行概念上的重新阐述。在所有这些案例中，我们都看到组织重点转移到了剖面。

第三部分：怪物

我们自己的 AS+ 工作室为这项研究作出了贡献，目前正在研究探索新的城市和材料综合体的项目，最近在阳生形态会议上展示了这些作品，所以今晚我不再赘述了。

作为 GSD 的一名教授，我向学生们提出了垂直混合使用类型的方案，应用引入基本热力学原理的设计技法，将设计过程分为两部分。

在第一阶段，项目的组织将重点放在构思热力学引擎上，将系统视为热源和热汇的组合，并使用方程式 / 物质 / 流动来管理气候、材料和社会文化的特定性。这一时刻产生了我们所谓的"怪物"，用本次讲座的语言体系来说，它们本质上是格言：这些格言帮助我们忘记陈词滥调，并为第二阶段打开大门，将重点转向学生。学生们需要确定个人研究项目，以批判性的态度面对第一阶段的不一致、冗余和过度。

最后，我想用两个问题来结束本次演讲，在由尼采担任主持的中世纪修道院的漫长谱系中，我们处于什么位置？我们知道些什么？老实说，这非常难以回答，至少很难使用"我们"这个主语来回答这个问题。

尽管这不是一场历史或政治讲座，但我对混合使用谱系的意识形态差异和方法上的相似之处很感兴趣。它们都被看作是其前身的反面教材。修道院、共和社区、校园、公社，或资本主义混合使用类型都颠覆了前一种类型的主要目的，但却包含类似的结果和方法，这揭示了一个共同趋势。尼采是对的：如果我们将它们理解为反面教材，我们就可以从中学到东西。在所有这些作品中，我都看到了求知之美。它们都涉及创新、类型和原型，以及新的生活方式、新的物质文化形式、技术、知识，而且它们产生了大量美丽的绘图。虽然我并不会把它们的美等同于会使我或我们感到舒适的功能。

在此，我结束我的演讲，暂无任何结论，留给你们每个人去思考和抉择。在过去的几年里，能够担任建筑系的系主任，我深感荣幸，感谢你们仍然与这所尊重个体、忠实于原则的大学紧密相连，感谢你们对于知识的奉献，无论你们是作为教师还是学生、修道士还是信徒。[1]

---

1 "求知者的建筑学"一文是伊纳吉·阿巴罗斯于2016年11月29日发表的沃尔特·格罗皮乌斯讲座的讲稿记录。沃尔特·格罗皮乌斯讲座是哈佛大学设计研究生院建筑系主任离任时发表的传统演讲。

（左）"空中"，卡伊奥·巴尔沃萨和索菲亚·布兰科·桑托斯，哈佛大学GSD超级工作室，2015—2016年。

（右上）"途中停靠站"，卡伊奥·巴尔沃萨和索菲亚·布兰科·桑托斯，哈佛大学GSD超级工作室，2015—2016年。

（右下）热力学应用于高层建筑和混合使用原型，黄晓凯，哈佛大学GSD，2012年。

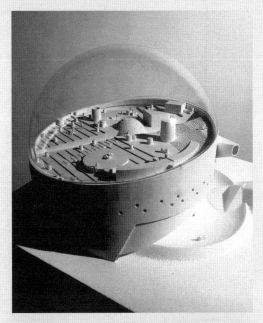

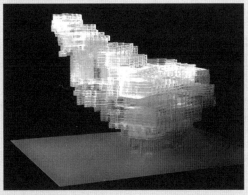

与安德烈斯·德·万德维拉的对话

（从上到下）

弗朗西斯科·德洛斯·科博斯·伊·莫利纳，伊纳吉·阿巴罗斯和安德烈斯·德·万德维拉。

在所有用于传播建筑的文学体裁中，访谈录无疑是最受欢迎的。它具有易读性，又因其口语化的语调以及能够展示个性，使人产生一种真实感和亲近感。但我们知道，每一次专业访谈都是一个巨大的修辞"诡计"，其目的是赞美个体，给人一种全然知道发生了什么、需要做什么以及为什么要这样做的假象。事实上，如果人们喜欢访谈，很大程度上是因为采访本身经过精心设计，更因为在字面含义之上，我们也被邀请参与其中，对文本含义进行自主理解和升华，这个过程让我们实质上成为构筑"谎言"的同谋。没有什么会比对一位正在实践的建筑师进行诚实访谈更无聊的了：抱怨、怀疑、含糊不清、异想天开和妒忌；所有这些通常在这种类型的访谈中被省略的东西可能会占据访谈的全部内容。访谈是一种真正的建筑文学体裁，是传播思想的技巧，也是新千年伊始的修辞形式的典范。

因此，面对如何以引人注目的方式呈现安德烈斯·德·万德维拉的形象，如何将他的思想和作品作为一种具有时效性的东西来呈现的困境，我毫不犹豫地选择了这种体裁。我必须承认，我其实有些犹豫。事实上，我曾采用更常规的形式去撰写这篇文章，然而这种形式让文章内容显得像是被困在了时空的限制里；动词总用过去时态破坏了文章的可信度，有一种难以达到时效性的感觉。因此，我们两人决定将这篇具有历史性形式的文本转化为一场对话。在这篇引言中，我所能补充的只是，无论这场对话可能对读者产生什么样的影响，它所包含的信息和分析与过去严谨的学术形式是相同的；它不是一时的心血来潮；它包含的真相不亚于读者之前可能阅读过的任何与建筑师的访谈。

伊纳吉·阿巴罗斯（后文缩写为IA）：让我们从您的训练开始吧。您的背景是相当专业的，并且基于您对石匠工艺有一定的了解，这根植于哥特式传统……

安德烈斯·德·万德维拉（后文缩写为AV）：没错，你说得对。其实我与许多无可争议的现代主义大师（如密斯·凡·德·罗）的背景并无太大差别。和他一样，我非常幸运地从一开始就与知识背景更深厚的人在一起，这使我能够看到解决问题的其他途径。对于我和密斯来说，具有决定性的一点是，我们能够在不用放弃原有的更物质的或者说更有建设性的知识体系的前提下，去接纳关于建筑的另一种思想。或者说，我试图将手工技艺和来自意大利的抽象知识结合起来。有些人认为，我们所经历的社会政治和经济变革正在引导我们重新认识古典世界和罗马人的人文关怀。从他们身上看到我们自己，意味着探索一个既崭新又与过去相连的世界：这是一次真正的智力探险。我想告诉你们，假如有一件事让我感到自豪，那就是我理解了这个历史背景，在这种背景下，建筑师的角色必须改变。我主要关注的是如何将我们从祖先那里习得的技术与人文主义新目标相协调，从而为我们注定要经历的这场思想革命赋予原始而具体的意义——如果你愿意，也可以称之为语境意义。

IA：我同意您的评价。对我们来说，万德维拉这个名字首先意味着"建筑师这个职业到底意味着什么"这一新概念的提出，和使用最务实的方法以适应当地情况的工作特点。尽管这种适应并不意味着放弃任何东西或失去张力，而恰恰相反，它是一

种对建筑师这份职业的真正雄心勃勃的理解。刚刚您用了一个词，"语境"，尽管有一些人还在使用这个词，但是最近，它其实在相当短的时间内已经从一个非常时髦的词汇变得几乎要被人们遗忘了。您能向我们描述一下这个词对您的意义，以及它对您的作品产生了什么影响吗？

AV：我碰巧在一个令人兴奋的环境中工作，在安达卢西亚，主要是在哈恩周围的乡村。这个地区在几代人之前刚刚从穆斯林手中传给基督教徒，靠近当时的基督教中心格拉纳达，那是一个拥有非凡的建筑和手工艺传统的地区，引入了一些来自佛兰德的技术。有时人们认为我的姓氏是卡斯蒂利亚语版本的一个佛兰德名字，我非常乐意听到这个说法，尽管它的严谨性还有待商榷。不过，我还是要为你们描述一下背景：那是一个独特的时间和地点，在那里，必须将穆斯林建筑与哥特式美学的知识和技术进步相结合，创造出一种新的本土建筑，以表达与古典世界和罗马人相关的某些目标和理想。我希望在这种穆斯林的痕迹（如科尔多瓦清真寺的柱子）仍然非常明显的情况下，让这种新的融合风格也产生相同的影响力。那里有三种具有高度独特性和复杂性的生活文化，形成了一个更广泛的文化背景。如果这还不够的话，我还有幸为皇帝的秘书重新设计他的故乡乌贝达，试图将其改造成一座真正的人文主义城市，一座真正的皇家文艺复兴宫廷的典范和楷模。我还为哈恩留下了一套大教堂的完整设计图，尽管我没能力实现它，但这是第一批由一位作者（建筑师）单独创作的重要建筑之一，这在当时是闻所未闻的，多亏了使用比例模型等新方法，才得以将设计完成。

当然，我所工作的环境在各种意义上都是非常丰富的。它不仅为我提供了资源，使我能够创建一种吸收多种灵感的建筑风格，还给予我反思城市建筑和建筑师的机会，这是其他当代人无法获得的。我认为，在这种情况下，如果我不是一个语境主义者，那么将如同盲人摸象。我意识到在这些条件下工作是一种特权，并且也明白其中隐含着许多资源。作为一名建筑师，我的目标是忠实地反映真正全球一体化的立场。此外，还有与我一路同行并指导我的老师们——设计格拉纳达大教堂的迭戈·德·西洛埃和设计阿尔罕布拉宫皇宫的佩德罗·马丘卡。这两位老师拥有惊人的才华，他们从意大利学成归来后所掌握的知识完全符合文艺复兴理念。我们并非孤立存在，而是一个不断扩张的帝国，在某种程度上说处于基督教的中心地位；事实上，西洛埃设计的格拉纳达大教堂就是这种中心地位的体现。

尽管如此，我还需补充一点，在游览格拉纳达的阿尔罕布拉宫或科尔多瓦的清真寺时，如果你没有被它们的美丽打动，要么是缺乏眼光，要么是固执己见。而我一直以来都是一个务实的人，一个人文主义者，充满生命力且尽可能持开放态度。事实上，我把在建筑中共存的不同文化视为不同的构造和物质系统，用我认为最合适、最贴切的方式来处理它们，将它们结合在一起，直至找到一个我们这个时代特有的系统。这个系统中部分是混合体，部分则源于原创思想，使我的作品成为折衷主义范畴内的一种艺术形式。然而随着范围扩大，"折衷主义"的定义开始失去意义；从某种程度上说，"折衷主义"可以描述所有的设计美学。因此，由于其太过普遍，"折衷主义"开始变得无用起来。只要所有形式的

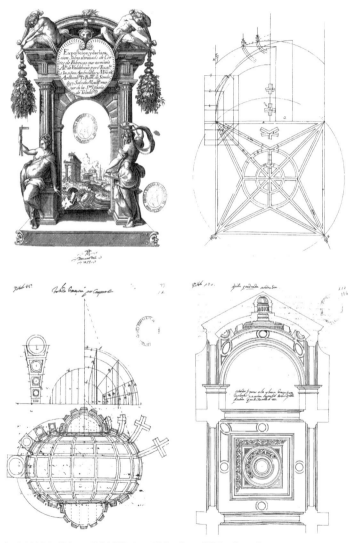

标题页和插图，摘自《石雕艺术的技巧》，阿隆索·德·万德维拉，约1591年。

建筑都能够用这种方式来描述，那么"折衷主义者"的身份对我来说也无可厚非。但是需要强调一下：我的建筑风格属于混合型、交叉型、跨文化对话型，甚至可以用流行词汇"杂交"来形容。我知道这种表述可能有些夸张，然而在没有更好的解释之前，这确实能够准确地描述我的职业生涯：归根结底，这是从学习一门具体的技艺到融入新文化的转变过程，全新的文化和祖传的文化汇聚成一道独特的风景，召唤着我与之对话。

　　IA：在一个日益融合和复杂的世界中，现代主义教条的精确性和抽象性变得缺乏意义。在这种背景下，我认为整合系统的思想变得更加重要和充实，因为您提到您的作品是一种过渡。我们可以开始谈谈您的作品、您的起步以及您是如何意识到需要重新塑造建筑师形象的。您最初创作的一批作品——正是这些作品使您赢得了崇高的声誉，并为您带来了更大的委托项目——被某些作者归类于银匠式风格范畴，对一些人来说这种归纳就体现在乌贝达救世主教堂的设计中。

AV：首先，我想说，我从未真正理解过人们试图在我的作品中找到与银匠式风格美学的关系，这种美学通常出现在贝鲁盖特风格的圣坛装饰图像中。我从来不是一名雕塑家，而是一名建筑师。最初我更专注于解决建筑问题而不是开发装饰性的解决方案。尽管在我的职业生涯初期，我的参考资料显然是非常本地化的，而且根据业主的需求，我会按照当时的潮流进行建造。但最终，我进入了自己真正的专业领域，这不仅要归功于我接受的培训，还要感谢迭戈·德·西洛埃对我的信任和无私传授。多亏了西洛埃，

圣地亚哥医院的双柱和帆拱，乌贝达。
哈恩韦尔玛圣母无原罪教堂的圆柱和柱头细节。

他也曾在一名南迁到西班牙王国的佛兰德工匠的石雕工坊里工作过，当时西班牙正经历着建设热潮。通过西洛埃的这段经历，我才能够想象出建筑设计的其他方式。

西洛埃曾有机会在意大利从事建筑工作，他在格拉纳达所做的一切简直令人着迷、独一无二，单凭我自己永远也想象不出他所做的设计。他以惊人的技艺用古典风格完成了格拉纳达大教堂的哥特式中殿，创造出了全新的柱子、拱门和照明解决方案，这些后来都成为安达卢西亚建筑的特色。除此之外，他还仿照耶路撒冷的圣殿建造了一座中央神殿，其宏伟气魄是真正具有革命性的。没有人见过这样的建筑，更不用说那些巧思，比如连接中殿和小教堂的中央拱门，现在其实这些对于任何建筑爱好者来说都已是众所周知的话题。我从他解决原有问题（中央神殿）的能力以及在建筑中增加新楼层的胆识中学到了很多。

在乌贝达，弗朗西斯科·德洛斯·科博斯·伊·莫利纳给了西洛埃一个完成殡仪教堂设计的机会，即"救世主教堂"。显然，科博斯想要的不仅仅是格拉纳达皇家神殿的微缩版，还想要为教堂的教徒建造一座中殿。对此，西洛埃提出了一个巧妙的混合式解决方案，将中殿和中央穹顶结合在一起。由于他不能亲自监工，所以将其托付给了我。所有的圣像图案都由我与埃斯特班·贾梅特合作完成，他是一位法国人，其对人体和古典象征主义的精通是无与伦比的。因此，我得以在大师的监督和设计基础上，在一位杰出的宗教雕塑家的无偿帮助下安心工作。我感觉自己就像一名乐队指挥，并因此感到了作为一名新意义上的建筑师的乐趣：乐谱的大纲来自西洛

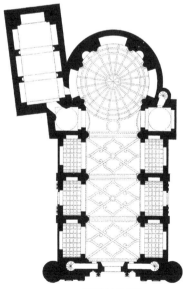

乌贝达救世主教堂圣器室的穹顶。
乌贝达救世主教堂平面图。

乌贝达救世主教堂圣器室的角门。
乌贝达救世主教堂圣器室中的人物雕像。

埃，演奏家是贾梅特，但乐曲的整合和组织，以及赋予它形式和意义，都是我的职责。我抓住了在工程过程中出现的圣器室所提供的机会，将各种雕塑或纪念碑以复杂的方式组织起来。我构思了一种带有穹窿的罗马风格穹顶，但其建造技术基于我已掌握的哥特式十字拱顶进行了改良。在圣器室，我围绕三个相连的拱顶组织了一个古典空间。因为我有贾梅特的帮助——他是个独特的、非常自由的人，我希望人物形象与建筑融为一体，以颂扬人文主义回归物质生活，因此我使用了形象化的资源和女像柱来连接墙壁和天花板……为了提供一种可能性，我在圣器室的角落设了一扇门，也许有点戏剧性，但在当时却令人惊讶，让人感受到我的雄心壮志。

> IA：巴斯克斯·德·莫利纳宫殿阁楼上的人物造型也非常独特。我想谈谈这座宫殿和您的创作意图，以及它与城市和救世主教堂前的空间之间的关系。拉斐尔·莫内欧不久前撰写了一篇文章，他对这座宫殿的设计水平赞不绝口——它给人带来一种非常现代的感觉，而且它体现了与周围的城市设计融为一体的智慧。

AV：这座市政宫殿是另一个绝佳的机会，因为它基本上是一个新项目。在格拉纳达，马丘卡正在为皇帝改造阿尔罕布拉宫，建造一座新的宫殿，因为这里不再有敌人，所以建造一座堡垒的想法不再有任何意义。我主持建造的建筑位于乌贝达城市布局的北端，而城市南段则开辟出了一条华丽的农业走廊，并延伸了救世主教堂前的公共前厅……我无法抵挡将其朝南布置的诱惑，这样可以享受广阔的视野——这无疑是一种全新的视角——并面向这个公共空间，按照我所掌握的建筑指南，设计出一个古典立面，配上阁楼，阁楼上有小圆窗和女像柱，阁楼下则隐藏着一个穆德哈尔风格的木质屋顶。这个立面真正宣告了一个崭新而辉煌时代的到来，其中的一切都充满了节日的气氛，同时又具有符合古典理想的庄重感。立面不再是防御性的，也不再是来世的寓言故事，而是与周围的物质现实有所关联。建筑内部由一个庭院联系在一起，我想用带有纳斯里风格的非常纤细的比例和4世纪的本土化方式，去赋予它一种同时具有优雅高贵特质和地方文化的特点。我一直对这种异常美丽的内外融合很感兴趣，因为它充满了脆弱感和生命力，我认为这种方案非常适合安达卢西亚的环境特点。因此，这座宫殿也是对古罗马维特鲁威式住宅和纳斯里宫殿这两种理想进行调和的一种尝试。

IA：您在乌贝达创作了许多其他的私人作品，也有公共项目……您如何处理这座城市的设计项目？设计时您是否有任何参考，比如文艺复兴时期的建筑理论？

AV：说实话，我对城市的理解与文艺复兴时期乌托邦城市的理想主义相去甚远。如果我有机会服务于一座新建立的城市，比如在美国，谁也不知道我会不会考虑那样的设计。然而我的倾向一直是介入地形，而不是制定一个将整体分层的规划。从这个意义上说，我觉得自己与所有学术思想——包括勒·柯布西耶的思想——都格格不入，而是更接近当前碎片化拼贴城市的形式。我所帮助建造的乌贝达，并不是在既有城市之上强加一种学术构想，而是与既有城市共存。有些宫殿是按照罗马风格完成的，但其他宫殿的场地特点或建筑功能促使我寻求更模糊的解决方案，并集

巴斯克斯·德·莫利纳宫殿主立面，乌贝达。

乌贝达市鸟瞰图，展示了广场和建筑交织在一起的城市布局。图中展示了救世主教堂、巴斯克斯·德·莫利纳宫殿和广场、市政厅广场以及维拉·德·洛斯·科博斯宫殿。

中解决一些单独的问题，如角落、装饰画廊外观、入口或庭院，以试图对当地和银匠式风格传统中存在的问题作出新的回应。通过这种方式，我引入了新建筑和材料质量的一些考量——这对我来说非常重要——在不破坏整体结构的情况下进行微小的调整，就像那些只能在脑海中融入统一构图的碎片一样。

这种整合城市的方式——我知道这与你们息息相关——将我带入了一种更加细分的工作方法，每个部分都具有独立的意义，在与城市的互动或项目特征的对话中形成，每个部分都以最适合自己的方式发展。尽管在当时对某些人来说，这似乎是令人震惊且反传统主义的，但这种方法非常有效。我相信大家都知道，这种方法在建筑师中取得了巨大成功，例如在启蒙运动时期。即使在今天，它仍然是解释项目和城市布局之间关系的最常用方式之一。也许正因为后来形成了这种传统，我们现在才很难体会到当初它有多么大胆、多么具有实验性。

　　IA：从这个意义上说，我认为乌贝达的圣地亚哥医院堪称典范，因为它重复了我们提到过的一些主题，尽管以一种更引人注目的方式……

AV：是的，医院是一项私人慈善事业，是一种新颖的人文主义举措，但它不能像宫殿那样具有庆典或世俗的性质。这就是为什么这种建筑的外观要严肃得多。要知道，当时的医院被看作是通往永生的过渡之地。庭院是教堂的前厅，在这两个空间中，空间体验的形式丰富性得到了强化，最终在教堂的拱顶处将这种体验推

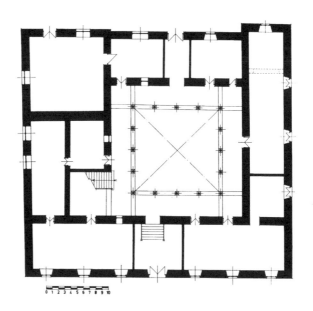

巴斯克斯·德·莫利纳宫殿平面图，由费尔南多·丘埃卡·戈伊蒂亚绘制。
巴斯克斯·德·莫利纳宫殿室内庭院，由费尔南多·丘埃卡·戈伊蒂亚拍摄。

维拉·德·洛斯·科博斯宫殿外景及其特色转角阳台，乌贝达。

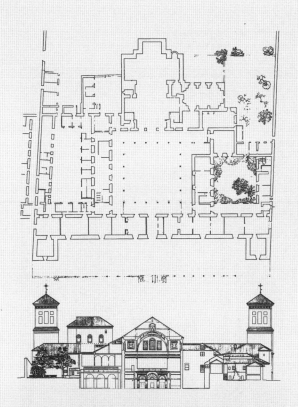

圣地亚哥医院平面图和立面图, 乌贝达, 由安德烈斯·佩雷亚绘制。
圣地亚哥医院鸟瞰图, 乌贝达。

哈恩韦尔玛圣母无原罪教堂内景。

向高潮，象征着天堂之国。它的内部遵循了人文主义逻辑的脉络，而其体量和外部具有明显的阿拉伯式风格。如果你愿意的话，你可以想象到塔楼和它的体量感，以及数量极其有限的空间。尽管我认为它的空间组织非常概念化且包含了文艺复兴时期建筑的所有元素，甚至显得有些支离破碎，但其独特的外立面、庭院、楼梯间被组织成一个有逻辑的空间序列。

有人将圣地亚哥医院与布拉曼特的法庭宫殿做比较，我自己也发现二者都对新的城市和空间秩序作出了回应。尽管在我的作品中，为了有利于其他需求，统一感被冲淡了。

　　IA：这里对装饰的使用也更有分寸、更为用心：教堂几乎没有任何装饰；即使在墙壁的装饰上，几乎唯一被保留下来的古典痕迹就是在横梁上，一些具有伊斯兰风格的元素。

AV：没错，随着我职业生涯的发展，我越来越意识到，我对古典理想的诠释并非装饰主义，而是基于对空间及融合连续建构系统的理解。由于其自身特点，医院永远只能是严谨的，但它在类型学和空间秩序上也是革命性的。一些人认为它是埃尔埃斯科里亚尔空间布局的先驱，这让我非常高兴。但它也有古老的元素，这里需要提到西班牙天主教君主的伟大医院，比如托莱多的医院。在我看来，使用这些元素——例如沿立面延伸的门柱——就像使用引文来强化含义一样，是合乎逻辑的。我认为，在这座建筑中，我找到了一种非常自由的工作模式，我想借鉴三种传统，或者说启发性的刺激因素，并利用它们去赋予建筑系统一种融合的形式，而非将其分解成一个连续性系统。

　　IA：我们还没有谈到您的空间和结构布局体系中的关键部分，即帆状或手帕状拱顶。我们可以稍微聊聊，以便介绍您的巨作，哈恩大教堂或巴埃萨的贝纳维德斯小教堂，后者在某种程度上复现了救世主教堂的结构，但自由度更高，因为它没有受到任何过去形式的限制。

AV：帆状拱顶只不过是对中世纪十字拱顶的一种转化，它巧妙地解决了迭戈·德·西洛埃在格拉纳达大教堂中的十字形柱或圆柱系统的覆盖问题。在贝纳维德斯小教堂中，我觉得我获得了一个特别的机会，可以利用独特的建筑系统，将西洛埃伟大工程的两个部分——一个带有中央地板的神庙和中殿——综合起来。与需要单一操作的悬挂式穹顶或救世主教堂的方格天花板不同，我的发明提供了简便性和连续性（不限于此）。我相信帆状拱顶也具有一定程度的轻盈感和与柱间拱之间的连续性，使这个解决方案更显合理和优雅。我对这种轻盈感的想法很着迷，尽管从原则上讲，这并不符合罗马建筑所秉持的坚固性和构造性。

也许在这里应该提到纳斯里建筑对我的吸引力，在我看来，它并不违背古典理念。布鲁内莱斯基的民用建筑也体现了这种空间敏感性，从某程度上说，他将这种特性引入了文艺复兴时期的建筑，例如他在无罪者医院项目中使用了这种方法。但除此之外，墙壁和柱子之间连接处的自然感带来一种非常"自由"的空间感，如果可以这么说的话。例如，在我之前在韦尔瓦进行的尝试中，

哈恩大教堂纵向剖面。
哈恩大教堂的帆状拱顶。

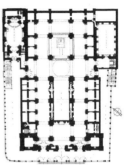

哈恩市景色和城市环境中的大教堂。
哈恩大教堂平面图，由费尔南多·丘埃卡·戈伊蒂亚绘制。
哈恩大教堂的中殿景观。

我清楚地看到，民用空间正在矛盾地远离哥特时代的神秘主义，而教会空间则朝着民用空间的方向发展。我从来不是传统意义上的宗教信仰者，也不是反宗教改革的拥护者，我对宗教建筑的兴趣也没有崇拜的成分。我可以这样说：在我的宗教题材作品中，我更希望成为维拉斯奎斯而不是瓦尔德斯·莱亚尔。

> IA：您在这方面一定做得很对，因为在您使用这种拱顶后，它取得了如此大的成功。我不仅指的是它在安达卢西亚文艺复兴时期相当长的一段时间内成为了一种经典的解决方案，例如在马拉加、塞维利亚等地的圣堂中广泛采用，而且还指的是它在完全不同的时间和地理背景下被建筑师反复采用，例如约翰·索恩的作品中，无论是他自己的住宅还是英格兰银行，都充满了这种轻盈和优雅的特质。我们还可以在埃德温·卢廷斯的作品中找到它，我甚至敢说它是瓜斯塔维诺砖拱顶的前身，其在美国取得了巨大的成功，并与麦金、米德和怀特所追求的古典主义风格密切相关。英国人称之为"悬垂式"，暗指其悬挂感（阿尔贝蒂称之为"悬浮空间"，即帆状空间），它确实悬挂在空中，就像最近在萨拉曼卡由胡安·纳瓦罗·巴尔德维格提出并建造的例子一样。

AV：我对"悬浮空间"（en vela）这种表述很感兴趣，因为它确实表现得好像拱门之间石块空隙中的空间在膨胀。关于这点，我想进一步说明，它通过提出负载的逆转概念，以包含并转化这种负担。在实证方法和它试图传达的轻盈感和可塑性方面，我确实认为存在一种值得强调的相似性。

IA：我同意，尤其是当我们考虑到哈恩大教堂时。不过，我很想回到您对处理宗教委托的立场上来，您的立场确实一点也不像反宗教改革的态度。我不会要求您公开地定义自己，因为我知道现在这样做没有意义（考虑到您所处时代的人需要在这些问题上进行的权衡），但通过您阅读的文本和您所交往的人——比如最终落入宗教法庭审判的埃斯特班·贾梅特——我们可以推断出一种更相信个人力量、工作和个体行为良知的伊拉斯谟精神，而不是梵蒂冈颁布的宗教规则和规范。在这一点上，我认为您的态度与您对待古典规范的态度有着相似之处，您将其视为参考而非一套法则。我认为这种精神在哈恩大教堂中得到了体现，其作为民间沙龙的特点使它更像是瓦伦西亚或帕尔马的哥特式集市，而不像任何教堂或大教堂。这使它能够摆脱哥特式或文艺复兴建筑的过渡性解决方案，并减少了空间的定向性……

AV：是的，确实，它的形态就像一个大沙龙，这种独特性让我非常满意。尽管部分原因是我不愿意增加主殿的高度，另一部分原因则与我无关，因为它需要结合既有墙体，这阻碍了圆形后殿的所有可能性。大教堂位于阿拉伯城市的边缘，建在其遗迹之上，这极大地影响了我想要赋予大教堂的形式与特征，简言之，它是一个介于宫殿、堡垒和大教堂之间的混合体。我提议的墙壁设计并不复杂，只设有一种开口形式，包括窗户、阳台和圆形窗，而用于照亮主殿的塞利安窗则被设置在更靠后的位置。内部空间中，由于各中殿高度一致，进一步强化了这种类似集市的特征，形成了独特而连续的柱廊，围绕同一内部空间营造出一个包罗万象的、

明显是公民化建筑的立面，配有窗户和阳台。由此创造出的效果
几乎让我联想到了城市空间，一个由公共建筑的壮丽立面所环绕
的广场。当然，我现在可以试图使用能够轻易被理解的语句去阐
述我的观点。在当时，这些概念并不那么明显。

　　IA：毫无疑问，您为了沟通和交流真的作出了很大的努力。但
　　对您来说，这种沟通在您的建筑生涯中并不少见。我想起了您
　　和您儿子共同完成的那篇论文，很明显，这种对话的努力形成
　　了您对建筑及建筑师角色理解的内涵。

AV：我没有从这个角度考虑过这个问题，但也许我认同你的看
法。正如我刚开始所说的，我想帮助拓宽建筑师的知识，提高他
们的社会地位。石匠大师的秘密传承是属于中世纪的遗迹，在一
个知识开始通过民间社会自由传播的世界里，这是不可接受的。
但与此同时，基于我的背景和学习经历，我的贡献不可能像阿尔
贝蒂那样是概念性的，而是技术性的。新兴的描述性几何学等工
具，结合大型模型的创建，已使传统技艺得以传承，避免了新一
代建筑师必须完全依照自己的标准从头开始的局面。我为哈恩大
教堂制作的模型，以及建筑工程师的协助，是实现哈恩大教堂这
个综合性作品的关键。我们在今天看来可能习以为常，但那时制
作这样一个模型是一次真正的创新。尽管哈恩大教堂在某些方面
略显混杂，但它可能是唯一一个基于统一原则而全面设计建造的
大教堂。虽然我仅仅启动了这个项目并提出了设计原则，但这将
建筑师的职业推向更高的目标。

提出简化建筑系统以高效应对挑战是我的另一策略。我著书以便将知识传授给后人，既出于利他，也有利己之心。我的目的是改变那种将建筑看作谜题的观念，毕竟重新做既有工作，耗时往往不亚于初次实施。这是我的策略，我相信，在总体上，我达成了目标。

　　IA：听您自述，我不由得又想到了密斯。虽然您们两人之间有显著不同，但他同样致力于将空间感知与简约高效的技术体系结合，这一体系在原则上具有普遍适用性。当然，他的作品中总有独特的个人印记……

AV：这场革命起源于胡安·巴蒂斯塔·德·托莱多，以及胡安·埃雷拉在埃尔埃斯科里亚尔修道院的建设工作。那是预制技术诞生的地方，标志着建筑条件的彻底改变。我留下的工具保证了工程能够得到原汁原味的解读和传承，确保即便建造过程持续300年，成果也能呈现为一个整体。通过新的石材切割和铺设技术，他们消除了建筑必须永久存在的旧观念（当然，皇室的大力资助也至关重要）。这些创新让我有可能尝试创造出真正具有革命性的形态，可以说，现代建筑的发展就是从这里开始的。

　　IA：然而，您的作品确实影响深远，几个世纪以来不仅深刻影响了安达卢西亚，更在美国广泛传播。

AV：是的，也许埃尔埃斯科里亚尔修道院过于单一，难以产生广泛的集体影响。因此，我的设计始终专注于实用性与灵活性。我

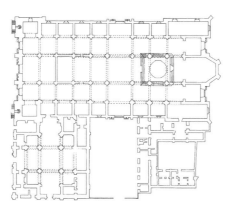

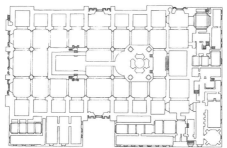

左：墨西哥城大教堂（上）和普埃布拉大教堂（下）的平面图。

右：哈恩、墨西哥城和普埃布拉大教堂的照片（从上到下）。

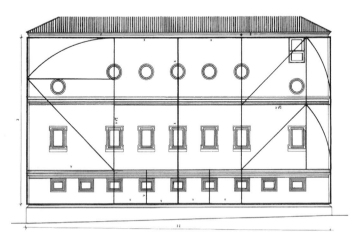

哈恩大教堂圣器室的立面图。

致力于探索形式与建造技术、地形与场所记忆之间的联系，以及
项目特性，就像风景如画派画家和浪漫主义作家后来所做的那
样。我是一位案头建筑师，通过思考和绘图来完成我的工作，这
在我的时代并不常见，但对我来说，这是职业中最核心的部分。
因为这种深思熟虑的努力能够让人在抽离所有偶然性的情况下
面对问题，提出既通用又具体的解决方案。这些解决方案可以被
其他人使用，正如我利用过去的解决方案一样。我始终认为建筑
是一种能够在不同情境下反复应用其主题的艺术形式，通过建筑
可以建立文化对话。我与儿子共同撰写的书在主题上与菲尔贝
特·德·洛姆的作品不谋而合，尽管由于环境差异，他的作品反
响更大，这进一步证明了我对这一职业的理解。因此，我最自豪
的作品之一是墨西哥城的索卡洛广场，以及墨西哥城和普埃布拉

大教堂的组合。显然，我并非这些伟大作品的实际建造者，但我确信我的理念在其中得到了体现。这不仅因为它们的设计在很大程度上重现了哈恩的风格，也因为整体的城市构思。我认为索卡洛广场是西班牙人留给美洲的伟大公共空间，其巨大且真正非凡的规模是将文艺复兴的理念与阿兹特克城市的纪念性规模相结合的产物。我想，正如我在安达卢西亚融合纳斯里风格时所做的那样，我也会尝试做一些类似的事情。这就是我所说的对话类型。让我补充一点，提到美洲的教堂与您之前所说的"全球化是所处时代的一种现象"有关。正如你们所见，我们不仅从意大利北部引进了理念，还能在其他大陆建造独一无二的作品，许多人认为这是千禧年之交所特有的现象。

IA：我们最后讨论一下您对哈恩大教堂圣器室的设计，这是您亲自构思和建造的。我认为，它不仅在文艺复兴时期，而且在任何时代中，都是我们国家历史上最为精美的建筑杰作之一。

AV：非常感谢您的赞赏。这个项目也是让我最为满意的作品。作为我晚年的作品之一，它最能反映我的思想，也最能展现一种极致的和谐。这种和谐来自于它汇集了我在此次对谈中提及的各种要素：精细独特的石雕艺术、罗马式的美感，以及带有摩尔和近乎拜占庭风格的空间布局……

IA：人们经常将双拱设计视作对科尔多瓦大清真寺的致敬，仿佛它与阿尔罕布拉宫的狮子庭院、布拉曼特的作品或西斯廷教堂重叠在一起……

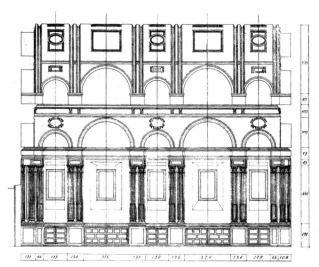

SECCION·TRANSVERSAL

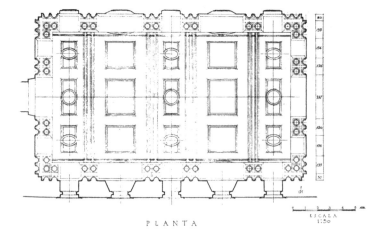

P L A N T A

ESCALA
1:50

哈恩大教堂圣器室的剖面图和平面图。

AV：圣器室墙体需要额外的空间来放置抽屉柜，这样才不会影响整体空间布局。因此，我选择了独立双柱系统，中间的柱子嵌入墙内，并采用A-B-A的节奏安排，围绕中心轴布局空间。这样的安排使得拱门和圆顶产生了一种特别的共鸣，其丰富的装饰性，与双柱相结合的效果，更贴近阿尔罕布拉宫的狮子庭院而非其他文艺复兴元素，这一点我非常清楚。我意图借鉴阿尔罕布拉宫的列柱和节奏倍增技巧，赋予空间一种丰富感和扩张感，将其覆盖并转化为室内空间。双拱设计不仅让结构更轻盈，实现了集中承重，还连接了墙面与顶部。同时，双拱呼应了柱子的双重设计。这种双拱元素不只出现在科尔多瓦大清真寺，也可以在梅里达等地的渡槽中找到。总的来说，我采用了一种双重风格，既有摩尔又有罗马特色，以实现装饰的丰富性和更精细的建筑技巧。这就是我想通过这个空间实现的目标。

IA：如果可以，我想分享一个有趣的经历。我曾多次访问您设计的圣器室，却始终没能完全理解其魅力和您所说的那种模糊感。一次，我和同事们，包括何塞·伊格纳西奥·利纳萨索罗，有机会连续几天参观科尔多瓦大清真寺、圣器室和哈恩大教堂。得益于利纳萨索罗的安排，我们能够在没有人工照明的情况下欣赏这些建筑。现今的旅游通常需要人工光源，但这往往会大幅改变建筑最初的空间和感官体验。特别是大清真寺的原始部分，那里几乎没有顶部采光，从立面射入的自然光使得天花板沉浸在完全的黑暗中，而双拱的精细设计使得天花板似乎消失，这也符合逻辑，因为它原本就不在视线中。第二天，我们在圣器室体验到的效果同样独一无二。出人意料的是，虽

哈恩大教堂圣器室的内部。

然结构上完全可行，但光线并不是从上方进入的，而是通过圣器室侧向外立面（南侧）的列柱间缝隙进入的。

AV：实际上，这种双拱设计原本可以引入"罗马式"光线到圣器室内，即光线从上方照射下来，就像罗马浴场那样。通过这种方式产生的效果是极其特别的，罗马风格的空间在穆斯林式的光照下展现……而我选择了侧面和斜角的光线，这种光线落在圆柱和经典装饰上的效果绝非常规。

您的这个观察十分敏锐。我无法确切地说这是否是一个有意的决定，但它无疑展现了我的兴趣所在和我所追求的美学理想。通过改变光影的常规布局，利用光线在地面的反射创造出一种轻盈的氛围。对创作者而言，能听到别人对自己创作意图的新理解是极为珍贵的；不管这些意图是否在创作之初就已存在，它们能够在作品中生动地体现出来，因为它们在你的想象中得以鲜活，这是最关键的部分。

结语

安德烈斯·德·万德维拉生于1505年，卒于1575年。在那个时代，他因独树一帜的思想和精湛的专业技能而著称，他做事有序、勤勉又充满热情。通过家族的支持和师傅的指导，他在手工艺行业内引领了一场巨变，确立了自己的地位。在这些方面，他与另一位伟大的人物——给菲利普四世的西班牙宫廷带来辉煌的迭戈·维拉斯奎斯——颇有相似之处。他们二人都很好地展现了职业使命，通过自己社会地位的提升为职业赢得了尊严，并把这一目标作为他们工作的核心。他们都力图提升艺术家的社会地位和认可度，拒绝仅仅满足于传统赋予手工艺人的角色。他们最初都是在各自熟悉的风格下成长的——万德维拉精于细节丰富的银匠式镶嵌装饰风格，而维拉斯奎斯则精通塞维利亚充满故事性的暗色画风——这两种风格都深受佛兰德对西班牙艺术实践的古典影响。

他们俩在技术上无可挑剔，是各自行业内的佼佼者。但同时，他们都认识到，拥有这样的才能就意味着必须不断进步。他们深知这种进步只有通过深入探索从意大利涌现的新人文主义思潮才能得以实现。他们还成功获得了高级官员和有影响力的政治家的支持——维拉斯奎斯在菲利普四世的宫廷中备受青睐，万德维拉则得到了皇帝秘书的赞赏，这位秘书负责与美洲的商业交流，并渴望通过打造文艺复兴风格的乌贝达城来建立自己的人文主义者形象。同时，两人都对人物的描绘展现出了创新且深刻的感知力，作为在他们各自的艺术领域表达新观点的载体。在他们的作品中，人体不仅是展现古典神话兴趣的一种表达形式，他们还以一种典型的方式进行创作，将这些神话人物与平民社会联系起来，使其看起来更为自然，从而推动了一种有特色的西班牙艺术视角，在面对外来的古典主义理想时，展现出独到的见解。

万德维拉对柱式风格的运用也体现了同样的原则。他对柱式原则非常熟悉，尊重的同时又持开放态度，当追求新效果时，他敢于采用更纤细的比例。这两位艺术家内心深处都怀有将平民社会的兴起表达出来的强烈愿望，这一社会的兴起是在中世纪宗教对思想生活垄断的背景下发生的。我们可以了解到，维拉斯奎斯巧妙地避开了他所处时代那种几乎是强制性的宗教主题专业化——这得益于帝国赞助体系——最终被誉为国王的画师；而万德维拉同样因他的民用宫殿、医院和城市空间设计而闻名。即使他的作品涉及宗教内容，他也可以被视为一位城市建筑师。如前所述，哈恩大教堂内墙的豪华设计——既考虑了布局也考虑了光线——展现了一种特立独行的建筑理念，即强调民用和城市特性的设计。对万德维拉和维拉斯奎斯而言，成熟意味着他们能够将从教育中获得的各种要求和启发融合在一起。同时，两人都摒弃了作品中多余的元素，以实现一种显著的自然和简化，从而隐藏了他们对各自职业的精通。他们各自的代表作——维拉斯奎斯的油画作品《宫娥》中的皇宫场景，以及万德维拉的哈恩大教堂圣器室——都展示了空间深度的巧妙运用和对人物形象及比例的精湛掌控。他们能够为人物周围的空气注入新的密度和活力，这种创新的思路要经过很长时间后才能被人们欣赏和充分认可。维拉斯奎斯和万德维拉还开创性地将风景融入他们的作品中。就像维拉斯奎斯在他的意大利画作或普拉多博物馆展出的背景画中所展示的，人们也可以在万德维拉的作品中感受到他对周围，无论是自然还是城市风景之美的深刻理解。他对城市郊区景观和城市结构的细致观察，以及他对地形的精确刻画，清晰地展现了他对这种美感的敏锐感知。

当然，比较他们的作品质量并没有太大意义，这种比较更像是在描绘两个"平行人生"而不是进行艺术分析。我想强调的是个体的独特性和价值，其作品的重要性，特别是万德维拉那个时代独有的、将个人项目与专业生涯融合的真实而重要的做法。这不仅仅是按照古典方式进行建筑设计，更是他对实现文艺复兴艺术家个性自由度的需求，这种自由与他构建世界观的技术专长不谋而合。正是这种个性意识与作品、建筑类型、城市设计、背景及主导文化的关联，使万德维拉成为了一位当代建筑师。正如自费尔南多·丘埃卡的精彩传记以来的研究热潮所反映的，万德维拉在今天仍然是一位备受瞩目的人物，这些研究不仅包括学者的贡献，也有像利纳萨索罗、塔夫里和莫内欧等作者的作品。在这些研究中，人们对万德维拉的兴趣已由对史学的兴趣转向了一种对当下、对他的建筑及作为建筑师的风格的兴趣，因为他的经历正在以惊人的清晰度和相关性与我们的当下形成联系。

我要感谢爱德华多·普里托、胡安·卡拉特拉瓦和何塞·卡洛斯·帕拉西奥斯对原文版本提出的修改建议。

维拉·美第奇花园景色，由迭戈·德·维拉斯奎斯绘制，约1630年或约1649年。

超验主义与实证主义之间的怪异邂逅

弗雷德里克·劳·奥姆斯特德1857年的肖像。

第一幕：中央公园的建立

我不打算详细讲述那些知识分子为何，以及如何要求为纽约市民规划一个大型休闲场所，也不想深究哪些历史转折使得这一需求最终促成了中央公园这个壮观的自然广场的方案公告和迅速建设。这方面已有前人作出了杰出贡献，我在此向他们致敬。[1]但值得一提的是，当时一些不同的思潮和意识形态——包括一些一神论派和公理会新教徒、傅立叶的乌托邦社会主义者和超验主义者——在这一特殊时刻汇聚于一个共同的目标。对于这些团体而言，公共公园被视为新社会精神的象征，正是这种多元思潮的汇聚，成为了这个项目成功的关键。

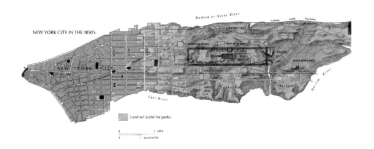

1850年的曼哈顿。

1　见罗森茨威格·R.，布莱克马尔·E.（1994）. 公园与人民：中央公园的历史. 亨利·霍尔特公司。

首先，我们需要明确的是，当时的中央公园并不在纽约市中心，而是位于曼哈顿半岛。通过查看1850年的市区地图，我们可以清楚地看出，中央公园所选位置与当时位于城市中心的华盛顿广场相距甚远。最终选址的决定经过了长期讨论，更多地是基于对实用和经济因素的考量而非其他。当时，作为伦敦泰晤士河南岸休闲花园模式的琼斯林地因其自然特色而备受青睐——这是一处私人花园，游客可以付费在这里享受新鲜空气、跳舞、品尝美食和参与其他活动。琼斯林地毗邻河流，土地肥沃，林木繁茂，拥有迷人的自然风光。中央公园的最终选址放弃了靠近水域——纽约商业活动的重要元素。地形调查显示，由于港口活动必需的砍伐行为，此处植被层几乎消失，大部分地区都是岩石地面，许多区域因地形原因而形成沼泽，缺乏自然排水系统，仅有零星几棵瘦弱的树木。选择此地点的唯一原因，是它位于一个半岛的中心。很有可能的是，1811年的纽约大街区规划网格图将在未来某一个时间点延伸至这个半岛。这个虚拟网格划定的地块（252公顷）位于第五大道至第八大道、第59街至第106街之间，其1∶5的比例和直线形态与当时流行的风景如画派美学格格不入，甚至完全相反。最让景观建筑师困扰的是，该地仅有的建筑是城市水库，这些狰狞的工业建筑占据着中心位置，且出于功能需要必须保留。为了确保该区域东西向的城市交通连接，规划者不得不允许交通四面穿行，这影响了场地空间连续性的实现。

尽管如此，在琼斯林地也具有很大吸引力的前提下，饱受争议的市长费尔南多·伍德（1812—1881）还是作出了决断，并随后为此发起了一场国际设计竞赛。为确保成功，伍德力邀诸如让-查尔

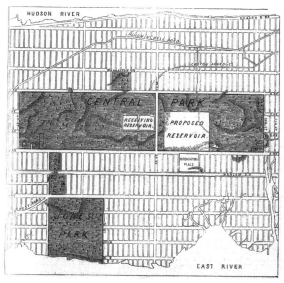

1852 年中央公园拟议选址地图，东南湖区的维斯塔岩，照片拍摄于 1858 年。

斯·阿尔方和约瑟夫·帕克斯顿等欧洲重要人物的参与，这或多
或少反映了竞赛组织者的偏好。但在此之前，也许是作为纽约市
首席地形工程师及公园专员职责的延伸，负责对场地进行地形勘
测的埃格伯特·维勒（1825—1902），设计了公园的初步规划。然
而正是因为这一规划设计引发了诸多来自如查尔斯·埃利奥特一
样有影响力人士的争议和批判，反而成为了宣布举办该设计竞赛
的决定性因素。

这个设计之所以值得我们仔细研究，因为它不仅首次描绘了场地
的潜在可能性，还传达了场地的复杂性。维勒的规划为竞赛提供
了许多提案，涵盖了预算和公园预期提供的几乎所有功能，包括
建设新水库以及连接第五大道与第八大道同时横穿公园的四条通
道的需求。这些提案中还包括了一个阅兵和军事游行区（考虑到
维勒的军事背景，这部分被特别强调了），三个娱乐区，为牲畜表
演预留的空间，一个音乐厅，一个冬天可供滑冰的湖，一个花园，
一个大喷泉，以及一个配有观景台的高塔等。

维勒的项目虽然获得了一些人的支持，但得到支持的理由并不完
全是因为其设计质量，而是因为它重视民众的利益。他的设计将
项目与上述游园活动相结合，允许共和主义和平民主义捍卫本
土特色，以对抗当时一些被视为从欧洲贵族引进的自然主义和
公民观念。为解决评价标准的不一致性，项目组成立了一个委
员会，选择了德高望重、值得信赖的卡尔弗特·沃克斯（1824—
1895）来撰写相关报告。沃克斯是一位在1850年来到美国工作的
年轻英国建筑师，曾与具有巨大影响力的景观建筑师安德鲁·杰

克逊·唐宁（1815—1852）共事。遗憾的是，唐宁英年早逝，我
们无法在此详细讨论他。沃克斯熟悉景观建筑的主流传统，他在
纽约以独立专业人士的身份站稳脚跟，并融入了当地有影响力的
社交圈。他最终对维勒方案的评价是：设计不足。他的理由充分
且有说服力：设计未能防止交通干扰景观视野，打破了连续性的
可能；缺乏整体性的艺术构想，未能确定视觉焦点或中心空间来
引导观赏者的视线。由于缺乏视线或特定框架，观赏者会在单调
和混乱之间徘徊，无法找到"画面"，这完全违背了风景如画派美
学的所有既定观念。更严重的是，设计未能利用植被营造距离感
和宽阔感，也未能妥善处理旧水库的问题，甚至在对景观设计的
视野考虑严重不足的情况下增设了观景台。沃克斯的深入分析体
现了他在与唐宁共事期间所接受的风景如画派美学的教育，这些
美学思想源自18世纪末英国理论学家如尤维代尔·普赖斯、理查
德·佩恩·奈特和威廉·吉尔平掀起的美学革命。

卡尔弗特·沃克斯，1860年。

尤维代尔·普赖斯爵士肖像，由托马斯·劳伦斯爵士绘制，约1799年。
理查德·佩恩·奈特的诗《风景》配图，由托马斯·赫恩和本杰明·托马斯·庞西绘制，1794年。

在1770年左右的英国，自然被视为一种纯粹的视觉资源，人们为此开发了一套高度结构化且极为"机械化"的知识体系，旨在创造一种雕塑式的构图。这种构图旨在通过多种组合方式去呈现一种和谐感：这种和谐基于一种对浮雕的平滑度、对其深度和色调差异带来的影响以及对创造特定的"视角"呈现所带来的心理现象和感受的过程的综合反映。除了绘画之外缺乏其他评判标准，这一事实本身就证明了风景如画风格对英式园林成功的决定性影响，[1]特别是克劳德·洛兰（1600—1682）、尼古拉斯·普桑（1594—1665）和萨尔瓦托·罗萨（1615—1673）的风景画。这些画作为构图和框架的典范，将花园描绘成经过修正和理想化的自然景观，通过废墟、神话或宗教人物、铭文，甚至如霍勒斯·沃波尔在1747年所做的，通过精心挑选动物的颜色和形状来达到期望的绘画效果——"一些土耳其绵羊和两头奶牛，所有这些都是为了配合景观而精心挑选的颜色"。[2]

对于尤维代尔·普赖斯来说，风景如画派美学是一种更为复杂的东西，它是一种野性、粗犷且杂乱的景观，以其多样性和纠缠性为特征，比田园或崇高更自然、更真实，介于二者之间，时而漫不经心，时而令人迷茫，但却总能在我们穿越其中时不断带来惊喜，激发我们的好奇心，轮流提供和谐或田园之美的闪光点，以及更接近崇高的场景。普赖斯认为："人类快乐的两大源泉是多样性和复杂性，两者虽然不同，但它们紧密相连、相互融合、缺一

---

1   实际上，"风景"这个词在其视觉意义上是通过荷兰风景画的术语传入英语的。

2   霍勒斯·沃波尔（1840）. 霍勒斯·沃波尔的书信：奥福德伯爵. 第一卷：1735—1745. 理查德·本特利，第529页。

不可。根据我的理解，景观中的复杂性可以被定义为通过部分和不确定的遮掩来激发并滋养好奇心的景物布局。"[1]

田园美与崇高之间的对比假设了一种对立的美学布局，而风景如画派美学引入了一个过渡的概念，或者说辩证综合的思想，它将田园情节与更戏剧化的部分结合起来。普赖斯的提议源于将日常景观视为值得欣赏和观察的对象。这提出了一种新的视角，投射出一种经验主义的景观价值评估，将多样性视为审美愉悦的核心。

在追求惊喜和多样性的同时，普赖斯的风景如画派美学引入了连续性的概念，并随之引入了审美体验的持续时间；这需要一种新的技术，即通过一系列互相关联的序列在时间中组织空间，这些序列的不同效果是通过汇集先前景观建筑的各种概念的资源来实现的，其中就包括了当时已被发现并推崇的中国园林艺术。因此，风景如画派美学在实践中汇集了英式景观园林中不规则且具有自然主义色彩的美学效果。这种风格在18世纪初就通过亚历山大·波普、兰斯洛特·布朗（别名"能者"）、威廉·肯特（1685—1748）和胡弗莱·雷普顿（1752—1818）等人的作品而发展起来，为英式景观园林赋予了新的意义，融入了新的、相对戏剧性的和不规则的场景，并将它们组织成连续的空间结构。这要求景观建筑师具备多种技能，既包含植物学，也涉及建筑学和场景设计。所有这些主题组成了卡尔弗特·沃克斯批判的基础，而这种批判将对国际竞赛产生决定性的影响。

1　尤维代尔·普赖斯（1794）.论风景如画派：与崇高和美丽相比较.赫里福德（扩展于1810年），论风景如画派，莫曼，第21—22页。

第二幕：获胜策略

当竞赛宣布开始时，卡尔弗特·沃克斯和弗雷德里克·劳·奥姆斯特德（1822—1903）建立了一种战略性的伙伴关系。自从奥姆斯特德返回纽约以来，他一直在维勒的指导下工作，显然维勒并没有因为他的提案被拒而感到沮丧。奥姆斯特德向维勒请求参加竞赛，并因此与市政当局保持紧密的联系。沃克斯凭借他的知识和辩论技巧，提升了自己在评审团心目中的地位。两人提出的方案具有独到的战略眼光，没有偏离维勒的基本方向太多，甚至可以说是大同小异。鉴于维勒是位有影响力的市政官员，他们同时巧妙地融入了针对沃克斯报告中指出的各处要点的修正。实际上，这个项目可以被看作是一次重大修订，它将风景如画派美学的技术见解整合到了维勒那个在概念上接近乐园、但缺乏技巧和远见的项目中。

这种混合特性表明了对当时正统风格的某种忽视，以及奥姆斯特德在组合及推销混合提案方面的技巧。参加过此类竞赛的建筑师大概都了解，所有这些策略都是合理的，它们通常会获得成功（尽管也有例外）。此外，该项目的呈现方式也极为出色。

由卡尔弗特·沃克斯以彩色草图绘制的方案，辅以不同的视图和奥姆斯特德撰写的富有说服力的文本，展现了作者的自信及其向评审团证明这份自信的合情合理的渴望。这份提案展现了优秀的

中央公园南部的鸟瞰图，由约翰·布拉赫曼拍摄，1863 年。

演讲技巧，更符合当下而非传统情境，包含效果图、彩色插画及
图像所附带的战略性论据……但除了这些战略层面的内容，项目
基于两大支柱：其一是实现统一美学理想的追求，这体现在他们
选定的"草坪计划"这一名称中——这个名称可以归因于奥姆斯
特德所呼唤的亲爱的英国母亲；其二则是受到肯塞特等艺术家的
哈德逊河风景画的影响。提案的目标是在那片荒凉之地复原出哈

德逊河真实的田园风光，将该地区往日的景象带回城市中心，为市民提供美学和教育的参照：用风景如画派美学的语言来说，就是聆听那里的场所精神。这份提案是一次真正的风景如画派创意，唤起了对本地的记忆及其与欧洲根源的深层联想。提案提出将那片贫瘠、岩石众多的直线地带转化为一片自然主义的阿卡迪亚式乡村和超验主义的灵感之源，这一大胆尝试激发了评审团的想象，象征着重新找回对本土景观的理想化视角。

探索那个时代的景观建筑师对"场所精神"[1]概念的理解显得尤为重要。"场所精神"成为了设计方法的核心，这种方法基于对场地条件的细致观察和研究，以此建立干预的标准。这不是一种简单的强加，而是人与自然之间的对话。虽然这个概念现在似乎很"自然"，但它是在18世纪末，通过风景如画派美学的实践才真正

---

1   建造，种植，不论你打算做什么，
     建立柱廊，或使拱门弯曲，
     扩展平台，或挖掘洞穴；
     在一切中，永远不要忘记自然。
     在所有事物中咨询场所的精神，
     它指示水源流向高处或低处，
     或助力雄心勃勃的山峰触及天空，
     或在山谷中挖掘环形剧场，
     回归乡村，捕捉开阔的林间空地，
     融入自成一体的树林，变化各异的阴影，
     现在打破，引导，意图中的线条；
     种植是另一种绘画，工作是另一种设计。
     ——亚历山大·波普（1731年），致理查德·伯灵顿伯爵的书信。L.吉利弗
     印刷。

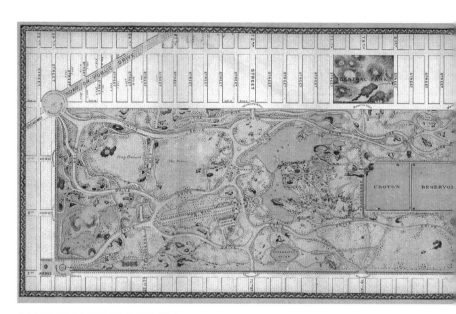

中央公园的最终设计由奥姆斯特德和沃克斯完成。

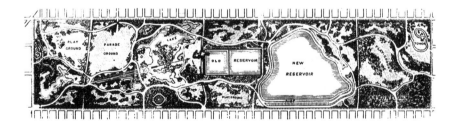

奥姆斯特德和沃克斯最初为中央公园设计的"草坪计划"方案，1858年。

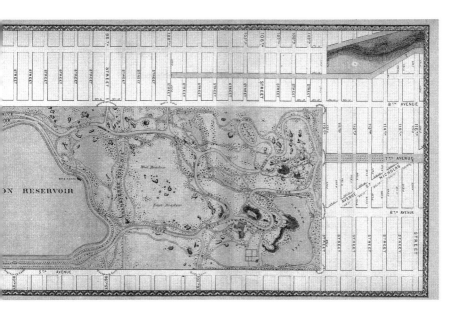

形成的。这标志着第一次与自然进行"专业"层面的对话，是一种努力去"聆听"的尝试。在这种设计观念下，场所在项目过程中扮演了主动参与者的角色，它通过自身的特性和生命力——即场所精神——来引导和启发设计。正是由于这种生命力，让我们能够与之对话，从而揭示出地点的潜在未来。这种对实地体验的记录，对自然界细节的捕捉，源于对场所精神的深刻理解和尊重。

所有这些战略性布局无疑与风景如画派美学在场地和建筑"特性"

上对持续性和流动性的兴趣有关。理查德·佩恩·奈特在1794年的诗《风景》[1]的对比式插画中精妙地捕捉了这一点，其中风景如画派的原则与"能者"布朗等人提出的田园观念形成对比。因此，布朗式风景中，显而易见的是建筑与花园之间的分离所带来的审美体验的静止状态，以及花园的清洁处理和流畅起伏的外观。而在奈特的构想中，自然在其最原始或最狂野的状态下提供的复杂性产生了局部隐藏，唤起了好奇心并促使人们探索新景象，为观众带来了一种电影式的体验。正是通过他们的好奇心和沿着曲折小径的探索，观众寻找并构建了一种特定的叙事和序列化的多样性，其中房屋、小径或桥梁这些人造元素与林地、山坡或河流互相配合，形成了一个综合性的整体，丰富了体验感。这种对话基于自然场景与人工干预之间的匹配，突出了支撑风景如画派美学理论的心理联系，即这些场景和建筑元素通过自身的存在，传递出特定的规模、质感、符号、动态等信息，营造了一种特定的氛围或心情，与观众进行交流并与之互动。在佩恩·奈特的描述中，房屋和桥梁融入了它们所处的环境，并与之建立了一种错综复杂的和谐，呼应了风景如画派美学产生的动态、连续和质感效果，比传统的田园景观更加复杂和自由。理查德·佩恩·奈特的分析展示了所有与风景如画派相关的景观设计新技术，这是一次真正的技术和方法革新，它不仅影响了新场景的价值评定和美学融合方式，还极大地丰富了传统景观中原本匮乏的"有趣"地点集。

1　理查德·佩恩·奈特（1794）.风景，一首说教诗.G.尼科尔。

我想回顾一下奥姆斯特德和沃克斯设计的主要元素的几个特点。他们的提案中包含了一条大道，它受到城市网格的显著影响，通过对角线连接了纽约东南角第五大道上预测的主入口与维斯塔岩的视觉轴线，使其远离城市的街道和喧嚣。从这一点出发，围绕着该轴线，他们组织了不同的景观。他们优先考虑了广阔无垠、连绵起伏的田野，这种既有地貌使人们能够想象其中的人工建造过程。然后，他们选择在地形变化更突然、有更多风景画式岩石的位置部署最具风景画意境的场景，比如位于维斯塔岩东北方向被称为"漫游"的区域，该区域用灌木丛掩盖了旧水箱。这片漫游区并没有开展拆除作业，反而被改造成一个真正具有风景画意境、由岩石和灌木丛构成、轮廓美轮美奂且造价低廉的场所。同时，公园的南侧也被优先考虑，因为其与当时的城市有所关联。项目按某种方式规定了路径方向和密度，将整体设计划分为两大片区：北部更具风景画意境，树林茂密；南部则更富田园气息，规划了较多的活动。这两个部分由新旧水库连接起来，尽管项目对其周边地区进行了微调处理以精心掩饰，但还是再现了维勒提案中的布局和总体形态。

虽然"草坪计划"显然借鉴了这种创新方法论，但其总体设计展示了一种拼贴式的发展，其组织技巧让人联想到哈德逊河学派景观艺术家们的合成作品，他们寻求一系列相互关联的自然主义效果，这与原有的地形和项目中明确的形式化部分（如大道或拟建建筑）形成对比。后者被保持在最小限度，部分是因为它们位于公园的边缘，但也是因为它们占据的区域在视觉上是隔离的。这显然是一种尝试——尤其是当我们将奥姆斯特德和沃克斯的提案与竞赛中其他参与者的提案相比较时——这将田园风景最大化，显示出一种类似于美国风景画家的敏感性。与欧洲风景画中常见的使用废墟和建筑构造来唤起联想的做法不同，该方案追求的无疑是一种有意的策略，通过优先考虑绿色空间而非其他更复杂的部分来赢得评审团的青睐，这一策略通过"草坪"这一名称得到了强化。以"能者"布朗的方式——在公园的直线边缘种植密集的树木，完成了项目对维勒提案以及复杂现有条件的修正。项目创作者的精湛技术代表了在使用风景如画派美学技术上的质的飞跃，这些技术此前主要用于英国贵族的私人庄园，它们解决并整合了城市和地形问题，形成了一个能够塑造新型城市公共空间的连贯整体。

该提案在竞赛中脱颖而出，成为了明显的赢家。尽管帕克斯顿和阿尔方都没有提交作品，参赛者总数已经达到了33个。然而，这个提案还是招致了一些怀疑和批评，特别是关于其对于一片原始植被已被清除的地形的乐观预期——尽管项目报告中明确提及了场地所必需的排水系统——以及这个田园风格的提案在最终城市特征较为明显的背景下是否恰当。为了解决评审团指出的一些问题，需要制作第二版的提案，比如游行广场（现为绵羊草地）的面积过大，以及要求竞赛获胜团队重新规划交通流线，将行人与马匹及马车分离。这些改动实质上增加了设计的丰富度和公园的复杂性。此外，他们决定扩大公园的规模，增购106街至110街之间的土地。这一要求曾被多次提出，是基于中远期发展需要的决定，因为这一区域具有引人注目的地形特征，为公园提供了视觉上的背景，这一点非常合理。但与其他参赛者不同，奥姆斯特德和沃克斯谨慎地避免在他们的提案中提到这一部分，以免影响投票结果。

沃克斯和奥姆斯特德极其幸运地能够将他们的专业知识结合在一起。他们都认为，相较于当时的其他备选方案，如游乐园的折衷主义和受法国启发的公园形式主义，风景如画派美学在道德上更占优势。沃克斯在景观设计和建筑技术方面的知识，加之奥姆斯特德选择和种植植被的科学方法，以及他们在绘图、修辞和文学表达上的熟练运用，使他们能够提出一个既整体又可实施的方案。这一方案不仅在如何使设计适应地形的方面更加稳妥，而且塑造了与社会背景相协调的形象。尽管从风格的角度看，它某种程度上仍然是传统且折衷的，如人行大道这样的主要部分与整体风格并不完全一致。事实上，他们在公园中混合使用形式主义和风景如画派美学的景观技艺，这被视为他们最重要的商业杰作，同时也是他们风格妥协的最大表现。他们采取了"和"而不是"或"，试图取悦每一位游客，同时以一种深刻洞察和创新处理的方式，结合了对地形、问题和机会的解读技巧。

这种由奥姆斯特德领导的团队采用的风格折衷主义，在他离开后仍得以保持，尽管团队中一些更传统的成员对此表示了疑虑。这种设计方式主要旨在将公园设计为美国新民主城市的公共空间。这种理解的目的是将那些与时代文化产生共鸣的空间提供给公众，这种空间是从经验主义鼎盛时期继承下来的理想化自然形象；同时更旨在揭示其在道德法则中的根源，符合超验主义的教育理念。但是，根据奥姆斯特德的设想，为了使这种联系成为可能，有必要引入社交区域，以促进和容纳传统社交活动的实践，从而使个体和社会以一种互补的方式得到"完善"，为他们提供一个充分且完整的环境框架，一个已被商业城市所淘汰的框架。为此，有必要将公共公园构想为一个由正式、田园和风景如画式区域组成的复合体，而且需要将对大众有吸引力的元素以及适合隐退和反思的元素结合起来。

对奥姆斯特德来说，问题不在于"风格"，而是"技术"：这是一个以连贯的方式表达不同性质的空间作为整体的问题，这些空间是通过使用生活素材统一起来的。实际上，尤维代尔·普赖斯和胡弗莱·雷普顿在他们的时代就曾为露台等时尚结构形式而辩护，以建立建筑几何与自然之间的过渡元素，这表明他们对形式的风格化分类持中立态度，反而更倾向于创造人工与自然之间的"自然"过渡。这不是一个偶然的发明，而是介于普赖斯和哈德逊河学派画家的综合技术之间的某种中间态。奥姆斯特德将现有的资源和学科转化为一种适用于实现新目标和表达形式的方法。如果中央公园没有被"专家们"视为景观园艺史上的一个重要里程碑——事实上，在主要的历史记载中，它只获得了很小的篇幅——那是因为从一开始，即使它运用了传统的技术，它也被定义为与传统脱节的设计。这个项目标志着现代城市和当代公共空间历史上一个学科的涌现——景观建筑师的学科——其在整个20世纪的现代轨迹中，对于自然环境在城市规划中的考量产生了深远的影响。

这一方面也很重要，因为它悄悄地将一种怪异形式引入景观建筑中，即风格上的杂交——字面意思是指不同种或属的植物或动物的交叉产物。这有助于形成新的美学观念，而这种美的观念在整个20世纪持续发展壮大。

这种扩展在尤维代尔·普赖斯探讨美与丑界限的文章中已有预示。他的文章中最显著的原创元素之一是一种辩护，把畸形、疏忽和偶然性纳入积极的美学范畴。普赖斯将风景如画派视为一个比美更开放、更全面的领域，这个领域可以容纳丰富多样的层次。正如普赖斯所言，"畸形之于丑陋就如风景画之于美"[1]，畸形和风景如画派美学之间的距离与丑陋和美的距离一样遥远；但它们却有一个共同点。两种观念之间存在一个协商的空间。由此，现代美学开始了一场引人入胜的冒险，最终将剥夺传统美学的权威。普赖斯举例说明在某些地方，经过平衡处理的畸形可以达到"风景如画派"的地位，如矿山和采石场这样本身存在畸形的地方，通过小幅改善就可以被视为风景如画空间。又如，某些树木因风力造成的畸形，在初次看来令人惊讶，如果将其放置于合适的背景中，就会变得如诗如画。正是因为它们畸形的特点，才使它们比其他正常生长的树木更有价值。

将畸形视为能够融入风景如画派美学的细腻考量，最初可能遭到嘲笑。但当将采石场改造为公共公园的例子在巴黎诞生时：巴伦·奥斯曼在让-查尔斯·阿道夫·阿尔方的指导下设计了肖蒙山

1　尤维代尔·普赖斯（1794）. 一篇比较如画派的崇高与美丽的文章. 赫里福德。

丘公园（1864—1867年），之后这种观点被大加赞赏，形成了最成功和最激进的风景如画派美学宣言之一。该项目取得了巨大的成功，广受民众喜爱，直至今日仍然如此。

肖蒙山丘公园可能是19世纪风景如画派美学的最佳范例，迄今为止提到的所有元素都是由这一愿景引入的。从矿场改造成的公共空间，我们不难理解风景如画派美学在现代化进程中的活力：从奥姆斯特德大胆提出在贫瘠土地上重建典型哈德逊河田园风光的构想，这一构想推动了中央公园的诞生，到罗伯特·史密森将矿场和露天采石场改造为巨型大地艺术作品的行动和项目，风景如画派美学的视角揭示了被公共空间作为表现空间的观念所隐藏的场所，提出了将公共领域作为与自然及熵增环境对话的场所，这就要求新的制图实践和新的可视化形式的出现。

第三幕：中央公园的工程及其对城市的影响

回顾公园建造的诸多环节，有助于勾勒出景观建筑师需要掌握的工作类型，即奥姆斯特德所创建并由中央公园首次展示的这一新职业（景观建筑师）所拥有的技术和方法论的组合。景观建筑师需要精通奥姆斯特德在其青年时期所获得的典型美国农夫的知识。得益于这些知识，他理解了科学规划和有机过程中系统管理的优势。生态学——一门当时还处于萌芽阶段的学科——为奥姆斯特德提供了科学模型，将生物学、社会学和美学领域结合起来，促成了一种借鉴于洪堡"理性经验主义"的操作方法论。他从农场到公共空间的转型意味着将公园规划为一个需要专家团队的多学科项目：在中央公园的案例中，团队由土木工程师、农业工程师、园艺师、建筑师和景观设计师组成。农业工程师小乔治·沃林提出了地面排水系统，其设计复杂且具有当时前所未有的规模。奥姆斯特德和年仅24岁的沃林投身于最复杂的任务，为种植植物、管理气候、土方工程和排水系统的影响创造了必要的条件。为此，他们减少了岩石区域，填充了两英尺的土壤，挖走了大量的岩石矿物，并在种植区域再覆盖两英尺的植被，同时完全平整了人行大道。威廉·吉安特是土木工程师，负责设计和建造错落有致的复杂路网，并划分了不同的使用方式。伊格纳茨·皮拉特是园艺师，负责选择、改造和维护天然材料以及植被的具体设计，其中包括种植24万棵树木。他们采用了植物学标准，试图人工重现"草坪计划"所承诺的哈德逊河不同生态系统中的自然景观。卡尔

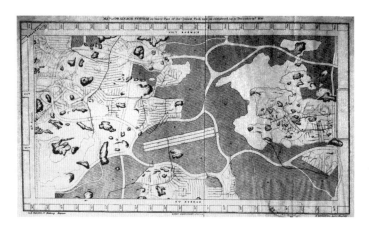

1858 年建造的排水管网的平面图和照片。

弗特·沃克斯以其敏锐的洞察力和优雅的设计风格设计了建筑结构、桥梁和城市化程度更高的区域——如由步行道和喷泉组成的部分。公园的设计、功能和总体构思都属于奥姆斯特德的工作，沃克斯也发挥了一定的作用。团队协调与指导，以及工程的组织与管理方面完全由奥姆斯特德负责，他在1858年至1861年间担任督导一职。从那时起直到1877年，他断断续续地与公园委员会共事——尽管他始终面临巨大的政治压力。正是由于奥姆斯特德在指导和组织管理工程中表现得极为可靠，在面临财政削减和劳动力匮乏双重原因的恶劣条件下，他同时协调了多达4000人工作，通过对施工现场实行近乎军事化的管理，并每天发布具体的任务说明，使得工程任务顺利完成，公园得以迅速开放。

中央公园立即获得了公众的认可，这也是奥姆斯特德在创建该公园后取得职业成功的主要原因之一。然而，正如在建筑项目中经常发生的那样，由于天然材料的脆弱性，大众层面的成功往往会危及规划空间和理念的稳定性。不同环境的使用方式并不总是与奥姆斯特德复杂的超验推理相吻合，可惜的是，他最终被诸如不雅言语或马匹奔跑速度等方面吸引了注意力。然而，奥姆斯特德所面临的更大挑战是对其原始想法的扭曲，一方面来自要求允许在他原来构思为田园区域开展体育活动的压力（他最终有所屈服，并划定北部和南部两个区域来集中和控制这些活动），另一方面来自各种群体和民族试图通过在公园中建造展馆、纪念碑等方式留下他们的足迹。然而，奥姆斯特德拒绝了这些做法，他认为这些行为破坏了公园真正的概念，从根本上与之背道而驰。

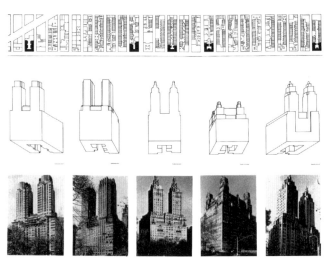

《中央公园边缘的双塔类型分析》是约瑟夫·芬顿发表于《建筑学小册子》1985年第5期中"字母城市"系列的文章。

在描述中央公园的创建过程和景观设计师形象时，不能不提及该过程所导致的几乎即刻见效的城市效应，这也意味着从市场规律的角度来看，这项工程是成功的，因为它创造了一个空间模型，树立了新的职业形象，且在城市层面上具有立竿见影的转型和经济影响力。

因此，大金融家们迅速聚居在他们喜爱的中央公园东侧地区——在第五大道的各机构和博物馆之间。同时，在第八大道上，人们对于毗邻公园居住的需求不断增长，在短时间内导致了"双塔街区"这一类型学的产生。这些统一的高层建筑街区具有双塔特点，并且得益于中央公园的吸引力，这一特点打破了纽约人传统上对高空居住的抵触情绪，并早在20世纪30年代初期就形成了世界上最美丽的城市轮廓之一，成为理解大都市并居住其中的一种新方式。中央公园改变了城市生活形式，并为纽约的城市特色轮廓铺平了道路，在其周围催生出了以住宅为主的摩天大楼建筑群；后来洛克菲勒中心的建设将城市中心从曼哈顿推向中城，这种趋势得到进一步加强。公园的商业效应立竿见影，房地产商很快意识到投资大型公共公园所能带来的收益。就这样，在超验主义欲望的驱使下，一个被构想为风景如画派自然片段的公共空间成功地与商业法则不谋而合，并成为景观设计师最好的名片——既可以营造丰富的环境，也可以促进房地产业务发展。

但是，如果说中央公园对房地产市场的影响是显著的，那么其反向影响也同样重要，因为公园的形象及城市关系将会发生积极的变化。它迅速从一个被荒芜包围的孤立的人造公园转变为构成城市垂直整合工厂的真正中心。随着林地面积的增长，摩天大楼也随之兴起，在公园的矩形边界上创造出鲜明而立体的存在。公园的外观逐渐演变成一个巨大的广场或景观板块，这一点有些令人惊讶——因为奥姆斯特德一直试图通过茂密的树木来抹去这些边界，恢复其作为城市公共空间的本意，而这种史无前例的自然与人工改造相结合的过程，使得这个公共空间以其规模和如诗如画、近乎崇高的美感持续吸引着居民和游客。

因为公园天然成分的增长和与之平行的人工限制，现代城市的建设过程对奥姆斯特德景观设计概念进行了彻底的重新阐述：树木和摩天大楼共同生长、相互滋养，创造出一种新形式的风景之美，将城市和公园真正地融为一体。这种自然与人工的结合立即引起了欧洲城市规划师和建筑师（尤其是勒·柯布西耶）的想象，并成为奥姆斯特德最重要的"风景如画派"遗产。我们将继承并发扬这一遗产，并用我们的想象力将其巩固为卓越的现代公共空间的巅峰。

第四幕：超验主义与实证主义相遇

一边是弗雷德里克·劳·奥姆斯特德（Frederick Law Olmsted）和他最具代表性的作品——中央公园，这是在设计完成一个世纪之后，通过一位伟大的当代摄影师李·弗里德兰德的视角看到的景象。[1]另一边是勒·柯布西耶的手绘草图，这是他最具个人特色的钢笔画之一，他喜欢用这张图来阐述自己有关现代城市的理论。有时他为了公开演讲而画出这些美轮美奂的设计图纸给听众看，有时也会用作自己书中的插图。两幅作品中有着相似的元素，这点毋庸置疑，以至于我们可能会认为第二幅图片是一个项目的初步草图，而第一张照片是在项目完成几十年后被拍摄的：前景里的草木充分展示了自然特色，参天大树耸立其上，起伏的草坡上要么有小径穿过，要么有湖环绕。更远处的背景中，树木和枝叶以风景如画派的方式点缀着古老的建筑，与之交织在一起的是一眼可辨的摩天高楼。照片中是纽约第五大道和第59街的景象，广场酒店在图片中央；第二幅图是300万居民的当代城市设计——勒·柯布西耶从20世纪20年代开始构想这些巨型十字摩天楼，逐渐形成了"绿色城市"的概念。

我们的目光在两张图之间游移，为观察到他们的相似之处与不同

---

1   照片选自菲利斯·兰伯特所编的《凝视奥姆斯特德》，此书向奥姆斯特德致敬，包含三篇由其他几位摄影师创作的关于奥姆斯特德作品的摄影散文。

中央公园，由李·弗里德兰德拍摄，1991 年。

点的交替出现而感到愉悦。我们很难停止观察和比较，因为要发现其中的联系、平行、悖论和相似点并不困难。奥姆斯特德和勒·柯布西耶：他们来自两个不同的世界，在他们的时代从未有过接触，但在今天却相遇了，这两种思考城市的方式来自两种文化，有着截然不同的技术和意识形态背景。简而言之：超验主义与实证主义邂逅了。这种相似不仅存在于图像之中，而且存在于我们对他们两人的现代遗产的理解中。美国英雄和欧洲英雄、19世纪的美国民主城市和20世纪的欧洲工业城市在两张图片中得到了综合且统一的呈现。

为什么这些当时背道而驰的现象，如今在我们看来会如此趋同？

光辉城市，勒·柯布西耶，1930年。

①因为两幅图像都显示出对其主要焦点的补充；②两位创作者都有在自然和人工相结合的基础上构建现代城市的愿景；③这种兴趣展现了18世纪风景如画派的审美理想与工业化带来的规模和方法变化之间的共同联系；④双方都有责任组织专业人员的新方法培训，为建筑和景观设计的新学科量身定制创新的教学方法；⑤他们都设想了识别新想法的程序，二者都在各自的时代里建立了各自的"实验室"。

让我们回看展现在两幅图中的稀疏树木。在我们眼前展开的无疑是一个现代大都市的残缺景象，新型建筑模仿着树木垂直生长的力量，构成了这一场景。奥姆斯特德关注自然，在一片备受侵蚀的、没有林地、没有植物覆盖也没有自然排水的区域，以理想的方式重建哈德逊河畔的田园风光，周围则被城市环境包围，公园笔直的边界也被划定。（事实上，他在1811年所做的中央公园设计中，用茂密的树木掩盖了纽约的网格，他的出发点是隐藏城市以及城市非风景如画式的几何边缘。）奥姆斯特德决心在城市中心营造一个自然空间，其原始功能是教育，因为在超验主义者的观念中，自然本身就是有教育意义的：在那里，人类的伦理和道德的法则源自自然的物理法则。洪堡式的完美和谐被视作自然的典范，民主的法律就是按照这种典范制定出来的。说得更直白些：这是一个真正意义上的论坛，闪耀着公共特性的光辉。但是公共代表着从自然中解放出来。对奥姆斯特德而言，公共和自然这两个概念都与城市的民主概念息息相关，是对资本主义其他更为冲动、以自我为中心的力量的一种补偿。

事实就是这样，可能这也是实现中央公园的构想所必需的想法，但是今天我们看到了些许不同之处。我们之所以喜欢中央公园，并不是因为奥姆斯特德设计概念中的崇高理念，甚至也不是因为它布局的美感——实际上有些部分显得过于保守，还有一些未被解决的问题——吸引我们的是树木和建筑能以如此和谐的方式共同生长，相互砥砺，创造出一种独一无二的体验。同时这种方式具有普遍性，逐步转化为现代城市的某种通用规则，无论是在北美、亚洲、拉丁美洲、非洲还是欧洲。可以直截了当地说：真正的当代风景如画派是让树木和建筑一同生长，只有在这样的公共空间里，人们才能自由地行动而不会感到被限制。这样的一种复合体才被我们认可并认定为"我们的世界"。

奥姆斯特德并没有意识到，但其实他已经很接近了，他理解并捍卫大都市中公园与摩天大楼之间的相互依存、相互吸引，但只是从道德的角度，作为相互补充的趋势而已。他的直觉让他感受到这种吸引是对一种新的畸形美的吸引，是对风景如画派美学和概念的激进改写，他赋予了这种概念以形式，却不知该如何阐释。罗伯特·史密森则不同，后来他在那次著名的中央公园漫步后，将奥姆斯特德称为第一位"地景艺术家"。史密森敏锐地察觉到这种新观念的价值，成为奥姆斯特德的首要评论家，可能也是他最好的学生。

虽然勒·柯布西耶从他的老师查尔斯·莱普拉特尼埃教授那里学习了风景如画派美学，但在他年轻的时候，柯布西耶着迷于20世纪之交美国商业摩天楼的粗野尺度，以及实现它们的工业技术，还有与这些技术相关的科学方法：批量生产、装配线、泰勒主义。所有这些萌芽的能量使资本主义宛如一股狂野而矛盾的力量，同时带有一种摄人心魄的美丽，这一点柯布西耶无比确认。他构想的画面比自己在新大陆的所见更为震撼：摩天大楼以未知的规模自我复制，完成笛卡尔式设计的批量生产，漠视一切固有传统，每一座都形成了一个真正的工作之城。它们等距排列，创造出一种科幻小说般的景观——一种近乎崇高的泰勒主义机械城市：它变成了一个有意识的怪物，更是一座富有远见的城市。

柯布西耶很快就用一种截然不同的观念来平衡这种原始的冲动：
塔楼之间的空间不能只是简单的被动空间。这些空间固然是供机
动车所用，但它也逐渐被看作是自然与公共的双重空间，是一个
不同于传统公园的、不为边界所局限的巨大公园，能够均匀地扩
张，形成独特的全新城市环境。在他的脑海里，对机械时代最极
致的表达使他联想到"新原始主义"，那里没有公园或花园，只有
自然；对工业社会最大限度地表达融合了两个以往互不相容的概
念——未经雕琢的自然和机械时代的摩天大楼，使它们不可分割，
融为一体。所以他将"绿色城市"作为自己城市规划理论中反复
出现的口号，尽管这个口号回避了他研究中最主要的对象：现代
城市中首要、绝对的表现——摩天大楼。

奥姆斯特德试图在摩天大楼的城市中建造一块完全自然的区域，
而勒·柯布西耶将摩天大楼视为自然与机器时代两股原始力量的
全新合成元素，他们二人的想法之间存在一定的对称性。这两种
观念大胆、新颖、前所未有，而它们的创作者，两位伟大的传播
家在社会的弊端初现之前慷慨地分享了他们的见地。两者都以不
同程度的观念促进了高层建筑与原始自然的互动，通过专注于单
一主题、学习其规律并修改应用范围和领域而得以实现。也就是
说，将这个主题从原先的领域中分离出来，将其当作一种新的素
材来处理：公园是贵族式的，摩天大楼则是投机式的。

但我们必须指出：正如弗里德兰德的照片展示了我们自己重新
构想的画面，改变了奥姆斯特德所设想的我们将看到的景象一
样，我们目前看到的柯布西耶的图像是一张小草图，它的视角并

不常见，与他历年为巨大立体模型创作的、当今被视为现代主义象征的表现图甚少相似。在那些作品中，视角被移到树顶，以显示他最感兴趣的主题：笛卡尔式摩天大楼在军事阵型中的独特辉煌，展示了工业化的正式胜利、机器时代的美学。历史是如此善变，即使是像柯布西耶这样对自己的行为及其后果有着清醒认识的人也不例外，因此，这幅精美的草图比他那些示范性的立体模型更为广泛地流传开来。只需要想一想，在西格弗里德·吉迪恩的《空间·时间·建筑》一书的700多张插图中，这是唯一一张手绘草图，就可以评估它的影响力（柯布西耶本人都很难预见到这点，显然这张草图没有包含在他的作品全集里）。我们再次感受一下，在树荫的遮蔽下，在起伏的地面与小径中，我们不会再把柯布西耶的绿色城市看作一个半法西斯主义且盲目的实证主义的机械化、自大狂式噩梦；相反，我们再一次体会到如此常见却又独特的体验，在现代城市的遗传密码中徘徊。一个自然与人工、建筑与公共空间、城市与景观的混合物，把我们所设想的新审美起源以如此精确的图像表达出来。

这里存在一个悖论：在中央公园的图片中，吸引我们的是摩天大楼，而奥姆斯特德从未想到这些高楼会以这样的力量迸发；在绿色城市草图中，吸引我们的是可以穿行其间的树木，而不是尺度惊人的摩天大楼，高楼们像被遗忘一般零星散布在画面中，在茂盛的枝叶后若隐若现，这是柯布西耶在纸面上留给它们仅有的一点乐趣。视线在背景与焦点之间游移，兴趣点在创作者与当下的观众（我们）之间轮替。这两位都具有一种怪异的美，这就是我们称之为"遗产"的东西：我们所继承的是古代的嵌合体与当代人们日常生活方式之间的联系。正如之前所说，这种遗产是一种混合物，是我们头脑中试图实现生态恢复的融合产物——史密森将奥姆斯特德评价为一位致力于地质变化的艺术家——以及一种法西斯主义倾向的技术和类型学革命，两者都为城市结构的转变铺平了道路，能够产生以前无法想象的综合效果，同时产生巨大的集中和空隙，从而组成了一个独特的身份。自然与人工之间的交互对于生活在18世纪的设计者而言简直无法想象，他们将"崇高"视为人力远不能及的概念，所以他们提出的风景如画派美学，才能在山谷或城市、树木或建筑、河流或公路中自如地运用。

第五幕：传授与成功

让我们暂时忘掉这两幅图像，继续探讨两人对所倡导的美学和规划变革的宣传。奥姆斯特德在哈佛大学构思并创立了第一所景观建筑学院，并由他的儿子担任带头人，试图培养新的专家来研究空旷的城市空间与创造衔接的空间系统之间的联系，这些空间系统与"完整"的概念之间也存在着辩证关系，从而再现了他自己的工作方式。"景观设计师"的名称是为了反对从胡弗莱·雷普顿流传下来的术语"景观园艺师"而创造的，因为奥姆斯特德意识到这门新学科最首要的目的是构建现代公共空间而不仅仅是改造自然，自然只是其中的一个媒介——很明显，鉴于其辅助功能，需要投入大量的技术。从这一步开始，同样重要的是在城市和乡村的不同尺度上对自然的活跃度提出疑问。如果今天我们认为国家公园具有无可争辩的价值，这要归功于奥姆斯特德和他在新学科中创造的伟大的空间和方法论工具。换句话说，我们今天仍然像奥姆斯特德那样将自然视为一座纪念碑，守护着我们的快乐和后代的道德教育；或者将它视为一个巨大的公共空间系统，串联在我们所生活的全球城市范围中。纪念碑、公共空间、守护：这些词违背了"自然"的人工特征，变成了由我们继承的混合体。

现在再来谈谈柯布西耶，我们会看到国际现代建筑协会（CIAM）、雅典宪章和各种各样的章程，这是在少数人的共识下，通过组织化和专制的形式推动的真正的职业变革，这些伟大的现代主义大师将其金字塔形式的学说强加给学校和职业组织。这种变革的目的不仅是为了在泰勒主义社会的环境下培养有能力的专业人才，而且也要更新规范职业活动的框架（从雅典宪章到模度，通过新建筑五点、七种道路和三种人类法则）。但是柯布西耶有三重贡献：他不仅是新的立法者，他的使命还在于让人们相信，在工业环境下，这场革命是不可避免的，而且它将带来一种新的美学。像奥姆斯特德那样，他复制了自己的创造性方法，将它变成一种普适的教学和形式法则。但是他的个人履历却与实证主义立法者的形象背道而驰：他所有成熟的作品都表现出向有机和宇宙论的转变，慢慢地从规范和机械中抽离，逐渐融入建筑和居民的"自然"状态。

如果我们同时考虑奥姆斯特德和勒·柯布西耶，最有趣且有争议的方面是，我们对他们的看法与他们的自我认知究竟有多大的差异。我们并不太关注奥姆斯特德作为一名植物学家或园艺师的身份；我们更感兴趣的是他对自然介质的组织和人为改造，他的作品给美国城市带来的光芒，以及他改变城市的巨大能力——如波士顿、旧金山、布法罗、多伦多等——还有城市类型学——例如中央公园对面第八大道上兴建的双塔住宅。我们感兴趣的是他如何以传播者的角色在资本主义的背景下宣扬公共空间的概念，以及在公共空间的塑造中自然所扮演的角色。那么关于勒·柯布西耶呢？除了他宏大的立法成就和泰勒主义项目，我们感兴趣的是激进的变革能力，他能够跨越所有的尺度，并以连贯而不断发展的方式实现这一点。我们感兴趣的是柯布西耶塑造城市遗产的责任，那是一种雷姆·库哈斯称之为"通属城市"的熵变丛林——总

勒·柯布西耶在巴黎莫利诺街的家和工作室露台上的花园。
弗雷德里克·劳·奥姆斯特德在波士顿栗山丘的工作室和家。

是自我雷同，又形象模糊，失去了图形物体的形式精度、棱镜和效果辐射。

而如今，它被人类活动、污染和覆盖全球现代空间的参天大树的枝叶所掩盖。在我们继承的理论和接受的教育中，他们都是建筑师；但是在此之外，勒·柯布西耶还是一位成功的园艺家，奥姆斯特德还是一位成功的营造师。在《给我一个实验室，我就能撬起世界》一文中，布鲁诺·拉图尔告诉过我们奥姆斯特德和勒·柯布西耶做了什么，以及他们是如何做到的，尽管迄今为止我们可能还没有清楚地认识到这点。他们正是在各自的办公室里建造了最好的"实验室"，通过这些实验，他们不断地修正现代城市和景观建设中的物质实践。

拉图尔以1881年巴斯德在他的著名实验室发现炭疽疫苗为例，解释说，实验室不是一个脱离现实的地方，也不是由拥有超能力的人们所掌控的，实验室是一个有着精确的工作机制和拓扑结构的地方。在这个机制中，第一步是来自"外部"世界的运动，目的是将一个现象从原有的环境中分离出来，并以新状态将其带入实验室。当研究对象被视为一种新的"材料"，摆脱了它的外部角色，在理想条件下展示了它的重要规律、优势和劣势时，往往才会产生真正的发现。通过对其行为的了解，我们能够通过多次尝试和错误，找出解决方案，或为这种材料开辟新的实验领域。

为此，实验室建立了全新的语言使用习惯来研究这种材料，将传统的知识置换到新的体系下，再从微观到宏观，不断改变分析的尺度。这种语言带来了新的写作、教学和记录的步骤。

接着是最后的步骤——完成从实验室到社会的传播与交流。对社会利益而言，实验室是保存特殊知识的唯一场所。巴斯德的案例正是如此，他成功地分离了炭疽杆菌并发现培育解药的方法，这是其他在自然真实环境下工作的兽医和卫生学家无法做到的。巴斯德自称是法国畜牧业的救星，在一系列疫苗的成功演示之后，他成为一种无可争议的社会力量。像拉图尔说的那样："如果你认为政治具备改造社会的力量，还有唯一可信和合法的权威代言人，那么巴斯德完全是一个政治人物。"

继承下来的城市在很大程度上是勒·柯布西耶和奥姆斯特德从他们的政治实验室中创造的混合产物，也可以说是一个可怕的产物。他们两人都从现实中分离出一个现象，再搬入自己的实验室，把它转化成一种新的素材，不受现实责任的限制，展示自己所有的潜力和实验的领域。无论是英式的公园（奥姆斯特德式）还是美国的商业高层（勒·柯布西耶式），都是他们从贵族和园艺师，或者工程师和投机者手中夺下，并移入自己办公室的标本。由于被隔离开来，这些样本呈现出一种真正的全新材料的外观：现代的美国公共空间和典型的现代建筑类型，两者都成功地提炼出一种新的知识和准则、一种新的适应语言。

这种新的语言存在于新建筑五点、雅典宪章和绿色城市中，存在于奥姆斯特德的文章和他对建筑技术的调用中，或者存在于他对工作方式的理解中，这些工作过去由自治的、新的、融合的知识

后湾沼泽，弗雷德里克·劳·奥姆斯特德，波士顿，1892 年。
里约热内卢卫生和教育部大楼，勒·柯布西耶，巴西，1936—1945 年。

和词汇协调组成。当然，这两个案例都伴随着向外部的转移：对于勒·柯布西耶来说是去东方、去南美以及他想象中的北美景象带来的巨大冲击；对于奥姆斯特德来说是去美国南方奴隶制的州和英国。在他们的旅行中，他们各自确立了孤立的研究对象。

在这些实验室中，这种新材料例行地接受试验和出错，以此来研究其各种规模的潜力、繁殖和生成系统——光辉城市的中心、公园系统，等等。办公室的类型学和实验室的工作流程是对未来教学任务的浅尝：以塞弗尔路流水线的方式进行线性调节；根据奥姆斯特德在波士顿的朋友亨利·霍博森·理查德森展示的模型，模仿美国建筑师办公室的模式。所有的替换、常规准则和动作都存在。在这两种情况下，拉图尔的拓扑结构在奥姆斯特德和柯布西耶的身上都应验了，包括最后一步，从实验室到社会的教育宣传和推广。这两位是伟大的教育家，是思想传播的代理人，迫切需要被视作新生政治的真正领袖。

结语

现在让我们回看一下两幅图像，这两幅作品的构思已经非常成熟，并且得到了人们的认可。想象一下，两个人盘腿而坐，凝视着布满植被、水面和人物的广袤大地。这些景观引导着观察者的视线和注意力：奥姆斯特德的目光投向一座桥，而勒·柯布西耶的视线则聚焦于糖果山的轮廓。他们仿佛是同一个人，只不过处于不同的地理和气候环境中。奥姆斯特德身处户外，凝视着一项人工创作——不仅是那座桥，还有整片后湾沼泽，一个杰出的水利工程。而勒·柯布西耶则在一栋摩天大楼内，欣赏着热带景观的风景如画般的形态，这暗示了大城市从西方大陆的北部寒冷地区向其他大陆的热带地区的转移。

两人对媒介的关系都是被动且静态的，他们仅仅沉浸在风景如画派美学的景观之中。他们与自然媒介之间都有一层"过滤"的关系。对奥姆斯特德来说，他所欣赏的一切都是经过精心设计的，即便是防止查尔斯河洪水泛滥的水库这样的基础设施，也被赋予了自然现象的外观。而勒·柯布西耶眼中的景观虽看似"自然"，但实际上是城市向科帕卡巴纳和伊帕内玛海滩的扩张——当时正风靡一时的地方。观者的位置位于一座有玻璃幕墙的摩天大楼中，它构成了一个视野的框架，在前景中形成了一个人工过滤器。而在奥姆斯特德的照片中，位置是颠倒的，桥被单独放置在背景中，将个人与城市联系在一起。

在这两幅画中，沉思的主体和客体都没有超越沉思行为的接触或
互动。有一只秘密之手搭建起主体和客体的桥梁，激活"场所精
神"来引发观察者的情感反应。自然界为他的画面"摆出姿势"。
超验主义和实证主义是贯穿现代性的自然统治机制中相辅相成的
两个组成部分。这一时期，布鲁诺·拉图尔所言的"万物议会"
尚未出现，提醒我们"场所精神"才刚刚开始寻找自己的声音，
要求与人类建立紧迫的对话和政治关系。

现代性所创造的"怪物"——包括我们自身——在获得新的声音
和提出全球性的"气候变化"要求时，正体现出一种挣扎。它们
正在被当成值得沉思的对象，而非被剥削的、垂死的、熵增的对
话者。它们呼吁人们采取一种超验主义和实证主义都无法提供的
关注和想象去面对它们，否则将会像这些主义下创造的东西一样
注定失败。

罗伯特·史密森：风景如画派熵学家

罗伯特·史密森在新泽西州大北采石场的"禁止闯入"区域攀爬围栏，摄影师南希·霍尔特拍摄于1966年12月。

第一幕：帕赛克纪念碑

罗伯特·史密森，1938年出生于新泽西州的帕赛克，1973年逝于德克萨斯州的阿马里洛。他之所以能从一开始就得到了建筑师和景观设计师的广泛关注，是有充分而合理的原因的。事实上，在20世纪70年代的艺术家中，除了在康奈尔大学学习建筑的戈登·马塔-克拉克，史密森可能是从其他学科借鉴技术和概念最广泛的人。从他创造的"大地艺术"一词中不难看出，他的作品深受尤维代尔·普赖斯和弗雷德里克·劳·奥姆斯特德的风景如画派美学的影响。同时，他也受到二战后崛起的大型建筑企业的启发，从这些公司中借鉴并发展了一系列工具、技术和流程。更重要的是，像奥姆斯特德和勒·柯布西耶一样，史密森也创造了一套新的词汇，以一种略显混沌但极富直觉的方式，揭示了能量及其伴生的熵变如何改变建筑师、艺术家和景观设计师对物质文化的思考方式。从1960年直到他去世，如拉图尔的实验室规则所阐释的一样，罗伯特·史密森一直是一位杰出而不知疲倦的教育家。正如奥姆斯特德和勒·柯布西耶，他认为捍卫自己的立场是必要且紧迫的，于是他聚集了一批重要的艺术家（主要来自他在纽约的道恩画廊），并围绕类似的理念，以《艺术论坛》杂志为媒介，在作为20世纪70年代艺术世界中心的纽约这一文化舞台上，推广他的理论、作品和技术，以及他的思想和方法的文化表现形式。但他作为艺术家的成长最初是与一种典型的风景如画派和传统观念紧密相连的：将散步和旅行视为一种艺术形式。

他的前两次旅行具有显著不同的特点。一次是追随浪漫主义风景
画家的脚步，明确地追求理想化的当代景观；另一次则是一场智
慧之旅，穿梭于地点与非地点、现场与非现场之间。这两场旅行
的经历打磨了他对景观建筑的重新构想。19世纪中叶，即风景如
画派和景观建筑在国民化定义的过程中占据了中心位置的一个世
纪以后，罗伯特·史密森对景观建筑有了新的构想。这一过程的
意义和影响，在他的最后两次旅行中得到了体现：1970年他前往
犹他州的大盐湖，创造了著名的螺旋堤；1973年，他在短暂地参
观了惠特尼博物馆后前往纽约中央公园散步，这一场与奥姆斯
特德的重要重逢被他用作品记录下来，最终成为了一份真正的艺
术遗产。1973年，也就是发生第一次重大石油危机的年份，史密
森在一场飞机事故中丧生，从此，他便以一个具有远见卓识的新
文化先驱形象存在于人们心中。

史密森早早地对植物学和艺术展现出了超前的兴趣，而这种把观察
自然作为美学体验的感知在他的成长过程中发挥了核心作用。他的
导师，诗人威廉·卡洛斯·威廉姆斯，是史诗《帕特森》[1]（1946—
1958年）的作者——这部作品是美国诗歌的巅峰之一，在这部作
品中，作者的生活叙事与帕赛克河的流向描述以及他所居住的城市
变化融为一体，真正实现了主体、自然与人工的融合——这无疑对
年轻的史密森产生了深远影响。他的第一次艺术之旅或者说风景如
画式漫步的目的地就选在了他的故乡，一个位于新泽西州、在美国

1　威廉·卡洛斯·威廉姆斯（1948）. 帕特森. 新方向。

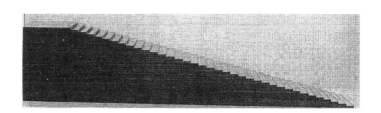

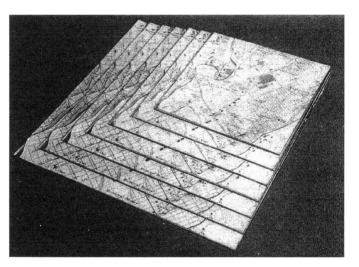

罗伯特·史密森，玻璃地层，1967年，玻璃，45厘米 × 30.5厘米 × 27.4厘米。
罗伯特·史密森，无题（镜子上的地图——帕塞克，新泽西州），1967年，镜子，
35.5厘米 × 35.5厘米 × 2.1厘米。

文化地理中十分神秘，却在彼时变得令人十分失望的郊区。

史密森的成长受到了他童年时期多次参观纽约自然历史博物馆的深
刻影响，他对那里复原的各种自然栖息地的立体画和史前动物的骨
骼重构十分崇拜。很快，随着时间进入20世纪60年代初期，他开

罗伯特·史密森，帕塞克纪念碑，1967年，黑白原版底片，7.5厘米 × 7.5厘米。

始接触到纽约文化界、垮掉的一代作家和后来成为极简主义和大地
艺术运动核心的艺术家们，并开始迅速成长。他在波普艺术启发的
生物形态绘画作品和基于地貌规律的极简主义雕塑之间摇摆不定，
将工业玻璃象征性地应用于构造让人能联想到地层剖面的元素图
形。但与此同时，他与一些艺术节的朋友开始对被边缘化的景观产
生兴趣，并为此探访采石场、工业废弃地和郊区的荒废地带。这种
探索精神促成了他1967年9月的帕赛克之行，他从纽约宾夕法尼亚
站乘坐公交，只带着一台小型相机，踏上了这趟探险之旅。

虽然这趟旅行乍看之下不过是一次普通的周日远足，却引领史密
森揭示了一种全新的户外创作理念。这次体验最终在同年的《艺
术论坛》上发表为一篇文章——《帕赛克纪念碑：帕赛克是否
已取代罗马成为了永恒之城？》[1]。在文章中，他讲述了这次"探
险"——不是去探索原始的、人迹罕至的大自然，也不是为了寻
找我们所期待的浪漫主义旅行者眼中的建筑和历史遗迹，而是探
索被高速公路和多种工业废弃物侵蚀的郊区景观。在故乡的郊外
漫步时，他发现并记录了"新纪念主义"的偶发形态。哈维尔·马
德鲁埃洛这样描述了他的旅程：

> 史密森颠覆了浪漫主义的感性认识，他将工业设施看作随时间
> 流逝而可能被历史铭记的废墟。为了实现这一愿景，他通过相
> 机镜头，以一种旁观者的视角来审视这些场所。这样的距离感

1　罗伯特·史密森（1967）."帕赛克纪念碑".艺术论坛，第6期第4卷，第48页。

赋予了那些极其熟悉之物一种超现实的感觉。例如，他拍摄了一组向河中排放工业废渣的六根粗大管道，并将其命名为"喷泉纪念碑"，仿佛它们是罗马的特雷维喷泉。因此，对他而言，这些纪念碑并非传统意义上的英雄赞颂。正如罗马的斗兽场、罗马广场或圣天使堡被当作纪念碑一样，史密森将这些并非为了激发恐惧或神化而建造的元素视作纪念碑。这些建筑是对郊区的颂歌，是对耗竭、解体和熵增的工业景观的回忆。它们是微不足道的纪念碑，但当其被视为时代的英雄景观时，它们被认为是崇高的。罗伯特·史密森在1967年发表的这篇文章标志着一种感知的转变，这种转变通过对景观的独特视角，旨在恢复18世纪中叶所阐明的崇高和风景如画派美学范畴。[1]

这可能是帕赛克之行最引人注目的一点。史密森记录并构建了一种现实，他以一种几近喜剧的执着，仿佛处于威廉姆斯的《帕特森》诗中，这种态度让人联想到巴斯特·基顿的幽默。他从接受到的现代遗产中发掘出一种新的风景画视角。对史密森来说，正是在其偶发性和被忽视的细节中，在它唤起过去和现在、自然与人工的能力中，这片了无生机的后工业景观展现了一种奇异的美，这种美与尤维代尔·普赖斯在采石场或被闪电劈开的树木中所见的美相似。因此，从这个角度出发，史密森将"熵增地点"这一新的领域引入了景观建筑的宇宙；这是一系列被现代工业侵蚀影响并被隐匿于不可见之地的场所。史密森将现代性视为一种自然力量，并且理解这些

1　哈维尔·马德鲁埃洛（2012）.当代雕塑的路径（第13卷）.萨拉曼卡大学出版社。

不可见之地可以——且必须——获得与那些被风景如画派美学美化的野生、错综复杂或被自然和人类活动扭曲的地点同等的可见性。机器带来的畸形也能够在我们努力超越当前、将其视为无形过程的象征时，展现出美感。史密森已站在现代性的另一侧，将熵视为一种迷人的现象，因为它能够在地形上留下不可磨灭的痕迹——这些痕迹展示了一种唤起巨大废墟的力量。

我们有必要勾勒出史密森构建的视角，它专注于特定的角度，聚焦于地面，几乎没有给地平线留下任何空间，让自己被大自然和工业废料的混合物所吸引。从一开始，史密森的目光就投向了地面，被他直觉中尚未以雕塑方式探索过的某些物质特性所打动。通过这种方式，他不仅发现了其他类型的场所，还发现了土壤和其他生命、惰性和人造材料的混合物，这促使他超越了以地平线为指导的垂直画布，转而在地面的平面上工作，并利用其独特的材质特性进行创作。

在1968年的德国奥伯豪森探险中，罗伯特·史密森与伯纳德和希拉·贝歇尔一起前往，然而他们的摄影作品却产生了明显的区别。贝歇尔夫妇对这里呈现的工业建筑力量深感着迷，从人眼视角出发拍摄了他们标志性的过时工业"肖像"；而史密森，则是紧贴地面，被工业过程在土壤上留下的痕迹所吸引，收集纹理和轨迹。史密森并不是唯一一个被这些荒凉的工业景观所吸引的人，这些景观能唤起人们对原始时代的联想。就在几年前，1964年至1966年间，英国建筑师塞德里克·普赖斯（1934—2003）将目光投向北斯塔福德郡。用他自己的话来说，那是一片干旱、肮脏、粗犷的工业化乡村地区——一个由废弃陶器厂包围、铺满废弃物和完整铁路基础设施的地方——这是普赖斯长大的地方，就像史密森在帕赛克长大一样，并且他的家族于18世纪初在这里创办了一家工厂。这片废墟地区产生的吸引力促使他构思出一个有远见的项目——陶瓷工业思考带，该项目将这里改造成大学基础设施的一部分，让这片工业景观焕然一新。他维持了地点的现状——我们可以说是它的场所精神——给它注入活力，并添加了许多新建筑，与真正具有风景如画派灵感的废墟遗址相结合；正如斯坦利·马修斯称之为"工业革命战场"。如果用与史密森非常相似的视角看待问题，我们可以说，塞德里克·普赖斯在很大程度上是罗伯特·史密森在建筑领域的化身，他们的视角有着极高的相似度。

在思考塞德里克·普赖斯提出的新"知识景观"时，我们无法回避史密森式主题的反映：侵蚀、堆积形成的物质沉积物和破旧机械的运动和声音，荒凉作为一个足够温和的框架，让一种新文化得以展开——在某种程度上被视为唯一能够提供全新纯粹产物的

罗伯特·史密森，岛屿计划，1970年，纸笔，42.8厘米 × 61厘米。
罗伯特·史密森，熵的景观，纸笔，1970年，42.8厘米 × 61厘米。

框架。而且，为什么不直截了当地说呢，这种对碎石、火车、回收和拼凑、废旧物品的兴趣有些幼稚。这种物质性、这些地点和技术最终构成了风景如画派美学思想复兴的核心。

罗伯特·霍布斯将史密森定义为"伟大的风景如画派再发现者；他寻找理解被破坏的工业区的方法，以美学的角度把握它们，他在风景如画派中找到了一个现成的概念，主要处理变化，并假定观察者与景观之间存在审美距离"。[1]"变化"和"审美距离"是描述史密森主题的时空坐标，对此艺术家本人找到了一个更加综合的定义，借用了克劳德·列维-斯特劳斯提出的新词："熵学家"。

陶瓷工业思考带，斯塔福德郡，英国，塞德里克·普莱斯，未建成项目的拼贴照片，1964—1966年。

---

1   罗伯特·霍布斯，罗伯特·史密森（1981）.罗伯特·史密森，雕塑.康奈尔大学出版社，第29页。

第二幕:"熵学家"

对史密森而言,人类活动与自然进程之间存在一种深刻的和谐关系,这种和谐触发了我们对时间感知的极大扩展,从地质的变迁到工业的演进。他认为揭示这一点是艺术活动的核心使命之一。在他描述帕赛克的文字中,他精辟地概括了这个观点:"我坚信,未来以某种方式隐藏在被遗忘的、非历史性的过去中。"[1]

仅仅在《艺术论坛》上发表关于帕赛克文章的一年后,史密森便强调了时间作为雕塑媒介的重要性:"'当下'无法维系欧洲的文化,更不用说古老或是原始的文明了;相反,它必须探索历史前与历史后时期的思维;必须深入那些遥远的未来与遥远的过去交会的地方。"[2]

史密森显然对尤维代尔·普赖斯的著作耳熟能详,他经常引用普赖斯,并从他那里学习到时间主题对风景如画派美学形态有着本质的影响。这种影响不仅体现在观众的体验中——他们通过移动,将静止的观赏转变为对场景连续变化的体验——也体现在尤维代尔·普赖斯对于在未被触及的自然中寻找时间流逝、忽略与遗弃痕迹的特别强调上,他认为这些痕迹具有极强的唤起力量。

1　罗伯特·史密森(1967)."帕赛克纪念碑".艺术论坛,第6期第4卷,第26页。
2　罗伯特·史密森.展览目录(1993).最初发表为"心灵的沉淀:地球项目".
　　艺术论坛,第7页。

史密森也深谙人类学家克劳德·列维-斯特劳斯（1908—2009）的作品，列维-斯特劳斯为他的创新户外观察提供了一个智力框架，相当于洪堡对于奥姆斯特德、尼采对于勒·柯布西耶和布鲁诺·陶特的理论支持。在《野性的思维》（1962年）[1]一书中，列维-斯特劳斯将"熵"这一概念转而引入人类社会领域，试图展现他的观点：社会的文化组织越复杂、结构越发达，就越倾向于向解体状态迸发，产生更多的"熵"。这个想法使他得以区分那些充分进化的、产生废物的"热"社会与其他所谓的原始或"冷"社会，并将人类学家的角色设想为社会熵的专家，或称之为"熵学家"。当史密森采纳了"熵学家"这个新词时，他也接受了列维-斯特劳斯的立场。列维-斯特劳斯致力于研究人类与自然关系最密切的"原始"社会的行为，为史密森提供了一种新的思维模式。这种模式不再像洪堡或达尔文那样以自然秩序为核心，而是关注文化进程如何参与到更广泛的生物秩序中。列维-斯特劳斯于1955年出版的《忧郁的热带》[2]，是史密森多次翻阅的一本独特游记。这本书深入反思了人类学旅行的深层意义——这本身也是一场时间旅行，一方面追溯人类起源，另一方面试图解释"热"社会的结构。在此书中，列维-斯特劳斯再次展现了他对人类学的热情，这种热情中蕴含着对原始纯真的深切怀念，因为他意识到自己正见证着他所研究的世界的末期，这个世界因他的到来而无法再与"文明"世界保持距离。史密森从中领悟到艺术家在这个不再自然的世界中的使命，这一使命与列维-斯

1　克劳德·列维-斯特劳斯（1962）.野性的思维，英文版本（1966）.魏登菲尔德与尼科尔森出版社。

2　克劳德·列维-斯特劳斯（1955）.忧郁的热带.雅典娜出版社。

特劳斯对自己的设想相似：在当下寻找过去的痕迹，恢复一种能同时洞察存在与缺失的视野，并在荒芜的乡村与工业废墟——后工业时代遍布全球的实体——与生命最原始形态的现象之间建立联系。

与人类学家识别社会行为模式的方式一样，史密森所设想的艺术家角色并不在于发表价值判断，而是创造自己的观察领域，学会观察并与之互动，试图理解和发现其结构和模式："将这种腐蚀的混乱组织成模式、网格和子区域，是一种几乎未被触及的审美过程。"[1]史密森没有被生态学家的道德言论所困。实际上，他认为自己的作品是一种"揭示"。他关注的领域，就是在风景如画派最初的理论指导下，从审美的视角出发来探讨熵的概念。对他来说，无论是遥远时代的熵增过程还是现代性的变革力量，都同样具有吸引力；在他看来，这二者本质上是相通的："大型建设的进程具有一种原始而壮观的破坏力。"[2]他将自己置身于工业与生态两极之间。作为一名"熵学家"，他是研究自然与人类熵增过程的专家，擅长将这两者联系起来，使侵蚀过程中隐含的辩证法得以显现。"艺术可以成为一种资源，介于生态学家和实业家之间。生态与工业不应是单行道，而应是交叉路口。艺术可以帮助提供二者之间所需的辩证法。"[3]因此，史密森曾向多家拥有矿山和露天采石场的公司提供服务，提议将他们对景观造成的影响转化为雕塑的表现形式，然而这些尝试都没有成功。

这种在生态学家和实业家之间斡旋的兴趣引出了另一个被菲利普·乌斯普龙精确标注的重要日期：1966年6月17日。当天，蒂佩特、阿贝特、麦卡锡和斯特拉顿事务所的建筑师及合伙人沃尔特·普罗科茨，在耶鲁大学听了史密森的演讲，题目是"塑造环

1   罗伯特·史密森.展览目录（1993）.最初发表为"心灵的沉淀：地球项目".艺术论坛，第7页。

2   罗伯特·史密森.无题.1971.出自：罗伯特·史密森，霍尔特·N.（1979）.罗伯特·史密森的著作：配有插图的随笔.纽约大学出版社，第220页。

3   同上。

境：艺术家与城市"。因此，普罗科茨邀请史密森作为合作艺术家
参与他们为达拉斯/沃斯堡机场设计的航站楼项目。在接下来的几
个月里，史密森开始熟悉建筑设计技术："这位28岁的艺术家开始
了解建筑草图、专业术语、网格系统、基础设施、航拍照片以及
规划巨型建筑所用的各种工具，这极大地拓展了他的艺术视野。"[1]
虽然这次合作未能成功，项目在1967年6月被转给另一家公司，
但普罗科茨的邀请却为一种新艺术形态的成长奠定了基础。这种
艺术形态借鉴了建筑师的方法论工具，允许史密森利用他的场地
/非场地的辩证创新，创作出大规模的作品，并将活动通过电影、
照片、模型、土壤样本等形式展示在画廊中。这些工作得到了道
恩画廊负责人维吉尼亚·道恩的资金支持，她以"客户"的身份，
购入了史密森或画廊代表的艺术家团队所感兴趣或被遗弃的土地，
为史密森的艺术探索提供了重要支持。

因此，史密森的作品融入了建筑的技术、方法、尺度和材料，正
如菲利普·乌斯普龙所说，这是一种真正的职业"渗透"，它让我
们回想起本书中提及的从其他时期和其他人物身上观察到的、类
似的奇异现象。这种与建筑方法论实践的亲密接触，并非仅限于
处理熵增场所；它还明确提出了一种建筑方案，试图重新定义文
化空间，这一点在史密森的部分草图中表现得尤为明显，特别是
那些在新场地上创造熵增环境的设计。它们通过结合填土、隧道、
井、人行步道和集装箱，创造出废墟混合物，而由此形成的"建

1　菲利普·乌斯普龙.压力下的建筑：地球艺术的遗产.出自：福斯特·K.（2024）.
　焦点.威尼斯双年展基金会，第150—163页。

筑岛屿"，具有创造一种介于大地艺术与自然科学博物馆之间的新原型的示范作用，为熵增时代提供灵感。受皮拉内西《监狱》版画的启发，他将这些提议想象成能够空置并进行自我展示的博物馆——正如他频繁提议的那样——以此使得所有传统学科的划分变得模糊不清……

罗伯特·史密森，螺旋堤，犹他州大盐湖，1970年4月。

第三幕：螺旋堤与中央公园

毫无疑问，罗伯特·史密森在罗泽尔角的螺旋堤是大地艺术的典范，它既是景观建筑的实践，也提出了博物馆、场地与非场地的概念。这件作品是史密森在犹他州大盐湖旅行后的产物，标志着他艺术探索轨迹的一个高潮——这次旅行可以说是"成熟"的，尽管距离他的帕赛克之旅仅过去了几年，这样的分野听起来似乎有些矛盾。1970年4月，32岁的他建造了这座大约480米长的大地艺术作品，现由迪亚艺术基金会所有，并在水下隐藏多年后又重新浮现。伴随着道恩画廊的非场地介入，这次展示配套了详细的描述文字、一系列预备图纸、一部精美的电影和一张照片。通过这项在犹他州完成的实体作品以及在纽约展出的文档，史密森展示了一种完整的跨学科方法论和一个真正的当代观测点，在这里我们既能评价他对风景如画派观念的传承，也能看到他的这些观念对文化适应和传播的贡献。

史密森对盐湖的兴趣源于盐田中细菌活动产生的特有红色，这反映了血液和原始海洋之间的化学联系。在探索这些主题时，他听闻了一个当地传说，传说讲述了湖泊通过大陆分裂时形成的隧道与海洋相连。在史密森看来，这一形象与盐中的晶体螺旋结构融合，激发了他对地质时代及其形态结构的想象，引导他使用螺旋图案进行图表和绘画创作。他设想了一个大型结构，从岸边延伸到湖中，将场地的深层结构具象化，将当代与古老遗产相结合。

罗伯特·史密森在1970年4月1日建造了螺旋堤, 位于犹他州的大盐湖, 由吉安弗兰科·戈尔戈尼拍摄。

这是一座连接着原始宇宙力量的堤道——他自己称之为"静止的旋风", 由湖边的惰性材料、干涸的泥土和玄武岩建造, 由卡车和挖掘机搅拌而成。史密森将它们与恐龙联系起来, 因为它们的体积大、吞噬性强且形态相似。他选择在一些带有人类活动迹象的近期锈蚀废墟处建造, 这些废墟正是"一连串因放弃而失败的人造系统的证据"。[1]在这个场景中, 他还发现了对风景画的明确参考: "梵高带着他的画架在一片被阳光晒得发热的泻湖上绘制石炭纪时期的蕨类植物。"[2]螺旋堤的建造过程被一卷16毫米的胶卷

---

1   罗伯特·史密森 (1972).螺旋堤: 环境的艺术。
2   同上。

记录下来，展现了三个主要阶段：第一是身体和思想上接近作品现场的过程，其中介绍的各种地质、考古和生物数据与逐步靠近现场的画面相交织；第二是螺旋堤的建造，展示了机械运转、岩石和泥土堆积不断切换的简短镜头，以及盐的结晶形态和水面的特写；第三是一段极具美感的长镜头，艺术家本人在作品上行走，由直升机拍摄，将他的移动与螺旋堤及湖泊的广角镜头相结合，企图捕捉夕阳在湖中央反射的光芒。影片以艺术家工作室的静止画面作为结尾，墙上挂有螺旋堤的照片，天花板上悬挂着一盏灯，放映机里的电影胶卷正在回放。影片用蒙太奇手法穿插了地图和纽约自然历史博物馆中史前动物的图片，史密森以旁白形式讲述自己的体验，音轨中自然的静谧与机械的嘈杂声交织，从第一阶段的卡车声，第二阶段的自卸车和挖掘机声，到第三阶段的直升机声。

螺旋堤以其现实存在和影像记录的双重形态，完整地展现了史密森的方法论：这是一场旅行，不仅是一种接近与探索的过程，也是一次内心的旅程——艺术家自己沉浸于螺旋堤的向心力之中——并且通过湖面和太阳光的反射来赋予作品深度和宇宙维度。因此，它营造了一种视角，让一个看似荒凉、缺乏景观特质的地方，展现出其独特的价值。

艺术家作为熵学家、建筑师和景观设计师的形象逐渐显现，成为一个真正的多面手。艺术家的使命是揭露自然、历史和生物过程中的暂时性；他是一位能够催化自然与历史的创造者，具有将地质的时间尺度和宇宙空间结合起来的能力，建立并提供一种加深

罗伯特·史密森，来自16毫米胶卷电影《螺旋堤》的静止画面，1970年。

和拓宽体验界限的对话。在史密森的作品中，场地呈现出一种新的公共维度，这一切都源于他的行动被理解为构建一个旨在揭示自然现象时间结构的真实观测站。他的作品将自然与人工熵增过程联系在一起，正如他自己所说，他的创作处于实业家与生态学家之间，建立了人类变革与自然在特定地点所留印记之间的联系。场地的四种自然元素——泥土、盐晶、岩石和水，如史密森在其作品中反复提及——通过一种真正的工业与人造技术进行转化。包括拍摄的过程，它详细记录了这次干预，并明确展现了其初始含义。

因此，螺旋的形态通过不同的底层材料显现出来：

> 地质层面：湖泊起源于地壳板块运动。采用自然熵增过程中产生的材料建造。
>
> 考古层面：丰富的史前和历史遗迹。原住民将此地视为世界的中心，一个连接"彼岸"的通道。这里使用的机械材料与史前爬行动物在外形上具有相似性。
>
> 生物层面：盐分的螺旋状分子结构。湖水的红色揭示了血液与水的共同起源。
>
> 宇宙层面：螺旋状的恒星形态（如银河系）。太阳反射在水面上，为土质构造赋予了三维形态。从空中观察，四种元素在瞭望台建造过程中被激活。

毫无疑问的是，影片中还包含了一个神话或者说神圣的维度。史密森对此并不避讳，因为在多种文化中，太阳与神灵之间都具有联系，并且其表现形式通常以螺旋线的形式呈现。螺旋的形态不仅体现在堤道的构造上，也呈现在史密森游历作品时的动态、直升机旋翼的转动，以及影片在剪辑室回放时倒带的旋转中，成为影片的最后定格画面。这些元素构建了场地与非场地之间的联系，强调了拍摄过程在整个创作中的积极作用，它是向观众传达精神之旅的源泉。

太阳反复被提及，作为场地上一种统摄性的存在——"湖岸变成了太阳的边界，沸腾的曲线，爆发升腾成一团炽烈的辉光"，"在太阳能的炙热中旋转着的，是血雾般的飞溅"[1]，等等，这些都在创意过程中起到了催化作用，使我们能够将所有行动视为一个太阳观测站的建造过程，效果在拍摄结束时得以显现。

螺旋堤标志着对创作过程及景观理解方式的高峰，这种创新性可与弗雷德里克·劳·奥姆斯特德在他那个时代的视角相媲美。奥姆斯特德本人成为了史密森最后一趟旅程的主角，尽管这次旅程在空间上似乎微不足道——他从纽约的工作室出发，前往惠特尼博物馆参观有关奥姆斯特德和中央公园的展览，之后在距离博物馆几个街区的公园里走了一小段路——但这却具有深远的象征意义。史密森通过这一行为建立了他与奥姆斯特德在思想之间的联系，从而确立了风景如画派风格的完整谱系，并将奥姆斯特德誉为"大地艺术"的先驱。

史密森在这次散步后撰写的文章中表达了一个显著的观点：奥姆斯特德不仅仅是一位"现代"艺术家，更是一位"当代"艺术家，是新型熵增景观艺术的开创者。在这种意义上，他对风景如画派的见解为全面理解自然与人类活动铺开了道路。史密森通过他关于奥姆斯特德的文章来批判当时那种单一视角的科学主义（生态）趋势，他引用了我之前提及的尤维代尔·普赖斯关于采石场的一段文字：

1　罗伯特·史密森（1972）.螺旋堤：环境的艺术。

一些仍然通过片面的理想主义眼光看待自然的现代生态学家，
应该考虑一下普赖斯的下面这段话。

山坡上光滑的绿草被洪水冲刷出的伤痕，最初可以很贴切地被
称作畸形，其原理与动物身上的伤口相同，尽管给人的感觉不
一样。当地面上的这种裂缝随时间的流逝和植被的生长逐渐变
得柔和，部分被遮掩和美化，畸形就通过这个常见的过程转化
为风景如画的质感；采石场、砾石坑等地也是如此，它们最初
是畸形的，而在它们变成最具美感的状态时，仍旧被一些追求
平坦化改进的人视为畸形。[1]

奥姆斯特德之所以能够如此精确地将风景如画派理念融入中央公
园，是因为他和史密森一样，对场地的地质时间有着全面的洞
察。他解读了冰川时期和构造板块活动对地形的影响，以及森林
砍伐等人类活动的效应，将它们视为他的"草坪计划"提案中活
跃且具有破坏性的因素。为了实现这一目标，他采用了一种辩证
法的观点——不是形式主义或静态的——理解风景如画派，这包
括了对建造过程和社会需求的考量："普赖斯、吉尔平和奥姆斯特
德是将辩证唯物主义应用于自然景观的先行者。这种辩证法是一
种以多元关系视角看待事物的方法，而不是将事物视为孤立的对
象。……奥姆斯特德设计的公园在完工之前就已存在，实际上这

1　弗雷德里克·劳·奥姆斯特德（1810）.三篇关于风景如画派的文章.引自罗
　伯特·史密森（1973）."弗雷德里克·劳·奥姆斯特德和辩证景观".艺术论
　坛，第11期第6卷。

意味着它们永远不会完工；它们始终承载着人类活动——无论是
社会的、政治的还是自然的——所有层面上的意外和矛盾。"[1]对于
史密森而言，奥姆斯特德在更新中央公园的地貌时扮演了熵学家
的角色，像一个处于矛盾力量之间的地质代理人。史密森也被那
些技术手段所吸引，例如安装排水系统和平整地面，这些措施是
建造这片大地艺术所涉及的，与他自己的作品相似，并且他认为
这些是中央公园在他心目中成为艺术创作过程的一部分。在他关
于此次访问的文章中，奥姆斯特德的风景如画派概念是史密森熵
学家观念的前辈。

罗伯特·史密森，楼梯岩（1972年）。罗伯特·史密森拍摄的一张照片，拍摄地点是纽约中央公园的
一个被称为"漫步"的区域。

_____

1　罗伯特·史密森（1973）."弗雷德里克·劳·奥姆斯特德和辩证景观".艺术
　　论坛，第11期第6卷。

在史密森看来，在惠特尼美国艺术博物馆举办奥姆斯特德的展览再
适合不过了，因为在这场展览与中央公园现实的辩证关系中，场
地与非场地的辩证关系得以具体化，从而进一步加深了他对自己
艺术实践愿景的理解。对他而言，"目录形式上的地图、照片和文
件……与艺术本身一样，是奥姆斯特德艺术作品不可或缺的组成部
分"[1]。这种观点与奥姆斯特德看待自己作品的方式可能并没有太大
区别，正如他总是像史密森一样重视提案的呈现，无论是书面文字
还是建设过程中的摄影记录。对于史密森来说，奥姆斯特德可以从
艺术的角度来诠释："地质变化带给我们的冲击力仍然同几百万年
前一样强大。奥姆斯特德作为一位应对这种巨变挑战并树立榜样的
伟大艺术家，为美国艺术的本质方面带来了全新的启示。"[2]

1　罗伯特·史密森（1973）."弗雷德里克·劳·奥姆斯特德和辩证景观".艺术
论坛，第11期第6卷。
2　同上。

三座狂想摩天大楼[1]

布鲁诺·陶特，阿尔卑斯建筑，第8幅插图，"怪诞之地，锻造之巅"。

1　"三座狂想摩天大楼"一文曾于2020年3月31日在马德里理工大学（ETSAM）的高级建筑硕士课程项目（MPAA11）中以讲座形式呈现。

你是否了解"世界"对我意味着什么？需要我在镜子中展示给你看吗？这个世界是一个无始无终的能量怪物；它是一股坚实固定的力量，既不会变大，也不会变小，不会扩展，只会改变面目。它是一种不可改变尺寸的整体，一个没有开销也没有损失的家庭，当然也没有增益或者收入。它被"虚无"作为边界包裹着。它不是模糊或者多余的东西，不会无限制地延伸，而是像一股确定的力量出现在一个确定的空间内。这个空间不是随意可见的"空"，而是无所不在的力量，是一种力量的表现和涌动，忽而为一，忽而为众，此消彼长。它是力量的海洋，奔流不止，川流不息，永远在变化，经历千年轮回，潮起潮落。它从最简单的形式转向最复杂的形式；从最静态、最僵硬、最冰冷的形式转向最炙热、最动荡、最自相矛盾的形式；然后在这种丰富中回归最简单，从矛盾的纠葛中回归和谐的愉悦，在奔流和经年的统一中仍然肯定自己，祝福自己能最终回归，就像一种永不满足、永不厌恶、永不疲倦的变化。这就是我的酒神世界，永远自我创造，永远自我毁灭，这是双重享乐的神秘世界，在我心目中"超越善恶"，没有目标，唯有循环快乐本身方可成为目标，没有意志，除非指环对其本身产生好感——你想要给这个世界取个名字吗？想要解开所有谜题？你们这些最隐秘、最坚强、最勇敢以及夜行者般的人们，是否拥有属于自己的明灯？这个世界正是权力的意志——除此之外别无他物！——弗里德里希·尼采《权力的意志》[1]

1　弗里德里希·尼采，希尔·R.K. & 斯卡皮蒂·M.A.（2017）. 权力的意志：19世纪80年代笔记选集.企鹅出版社。

这段文字用最生动的画面，洋洋几笔就摧毁了亚历山大·冯·洪堡所构建的自然和谐观。当然，这种"摧毁"是在哲学领域中进行的，通过对古典希腊所谓的文化平衡提出质疑来实现。尼采在《悲剧的诞生》（1872年）[1]一书中，通过描述阿波罗（太阳神）所代表的理性传统与狄俄尼索斯（酒神）所代表的感性精神之间的剧烈冲突，表达了这一矛盾。这一表述的建立随后便引发了对特定历史节点的解构、对永恒回归和打破规律所诞生的新时代文明（乌托邦概念下的新理想人类或尼采的"超人"）的讨论。这些论点虽然几乎并不涉及人类存亡，但在《悲剧的诞生》中明确提出了一个观点："只有作为美学现象，存在和世界才得以永恒地正当化。"这句话将我们带到了阿文桥（法国布列塔尼地区的一个小镇）周围的环境中，而此时我们脑海中的画面与文森特·梵高的《星夜》（1889年）契合——这一户外写生作品与尼采的世界观紧密相连，以至于可以被视为尼采描述世界的绝佳插图。正如特纳在后期作品中放弃了实物的细部，得以将画框变成艺术家观察世界的主观窗口来完成创造一样，艺术家通过风景画来表达自己，将他的内心世界投射到画作主体上，从而使形式和色彩的主观变形具有了极高的象征性表达价值。

梵高的《星夜》描绘了一个永恒循环的世界——"如果圆圈的喜悦本身就是目标，除此之外无欲无求"——这让我们可以深入理解布鲁诺·陶特的《阿尔卑斯建筑》[2]。这本书汇集了水彩

1　弗里德里希·尼采（1994年原版.1872）.悲剧的诞生.企鹅经典。

2　布鲁诺·陶特（1919）.阿尔卑斯建筑，第5章第30幅插图。

画、图纸及其注释，在某种意义上象征了德国表现主义的（短暂）辉煌。在出版了形式上更为传统的《城市之冠》（1919年）[1]之后，陶特创作的《阿尔卑斯建筑》是一篇充满戏剧性的探索，它是对表现主义的一次启蒙，邀请我们踏上一段近乎神秘的旅程，走向宇宙和新建建筑的幻象，这种建筑不仅受到阿尔卑斯山山顶景观的启发，而且与之融为一体。

有趣的是，这本书是1919年出版的，正是我们的第二位主人公，安东尼·帕拉西奥斯提出马德里艺术协会大楼设计竞赛提案的同一年。帕拉西奥斯的艺术协会大楼项目直到1926年才完工，在此期间他不断面临困难和挑战。对帕拉西奥斯来说，一切都不是那么顺利：他是一位富有斗争精神的人，作为一名建筑师，他极具英雄主义特质。艺术协会大楼是那个时代的西班牙尝试建造摩天大楼的过程中最具狂想特质的案例之一。1926年，也是电信大楼在马德里新建的格兰维亚大道上开工的年份，这条大都市的轴线开启了马德里的20世纪。就在最近，2010年，这条街庆祝了开工100周年。电信大楼成为了西班牙第一座真正按照美国风格建造的摩天大楼；基于ITT公司的技术建议，它建在格兰维亚最高处，成为城市中的观景台和马德里现代化的象征之一，使格兰维亚大道闪闪发光。那里建起了新的酒店、商业建筑和办公楼等新兴建筑类型，彻底地改变了城市的面貌。

通过有关艺术协会大楼竞赛的一篇文章，一次以"阿尔卑斯建筑"

1　布鲁诺·陶特（1919）. 城市之冠。

原作为主题的展览，以及对西班牙电信大楼的一次设计介入，我
们提出了一个受陶特和帕拉西奥斯启发的激进转变。这些与我直
接相关的作品成为了这篇文章三个部分的线索，以期讨论摩天大
楼在现代性中尚未觉醒的潜力。

星夜，文森
特·梵高，
1889年。

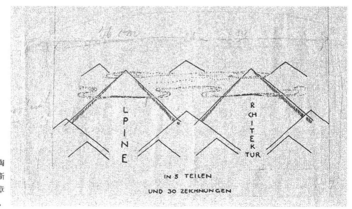

布鲁诺·陶
特，阿尔卑斯
建筑，第五章
第30幅插图。

1. 阿尔卑斯格言（1917—1919年）

布鲁诺·陶特对阿尔卑斯建筑的幻想不应被看作是对过去的追溯，而应被视为对现在的反思和对未来的预见，特别是作为对理解垂直建筑新形式的预见，这种新形式能够平衡21世纪全球化生活模式下蓬勃发展的超密集大都市带来的问题。虽然现代摩天大楼的典型形式本质上是一种优化官僚体制的结构，旨在与传统城市景观形成对比，强调大型企业的力量（更不用说其明显的阳具象征意义）。但在一个世纪后的今天，我们发现自己在面对城市时，垂直性已经成为了最具特色和广泛应用的建筑及系统类型，它既是背景也是形象，是全球城市的新地貌。高度作为一种隔离机制，以及自然与人工创造之间的共生关系，是尼采——而不仅仅是保罗·谢尔巴特——在他的《快乐的科学》一书中广为引用的格言"求知者的建筑学"中所确定的主题。这些元素在美学上根植于浪漫主义和风景如画派美学的程度不容低估。它们形成了《阿尔卑斯建筑》的两条中心轴线，因为它提出了一种融入人性、不再具有神圣性的建筑，即使它们在很大程度上受到哥特式结构的启发，正如浪漫主义作家在被表现主义者接纳之前所解释的那样。正如尼采所写：

> 教堂对思考的垄断时代已经过去，曾经沉思生活必须首先是宗教生活的观念也随之消逝，教堂建造的一切都体现了这种思想。即使剥夺了这些建筑的教会用途，我们就能对它们满意

吗？这些建筑语言过于夸张且拘谨，它们提醒着我们，这里是
上帝之所，是某种超自然交流的浮夸纪念物；我们这些无神论
者在这样的环境下难以沉浸在自己的思考中。我们渴望看到自
己转化为石头和植物，希望当我们在这些建筑和花园中漫步
时，能够让自己沉浸其中。[1]

《阿尔卑斯建筑》的第二部分是我最感兴趣的部分，因为它实质
上是一份关于如何从表现主义和虚无主义的视角重新联结建筑与
自然的实用手册。这本书的其他部分可以被解读为雄心勃勃且以
戏剧化形式组织的论文，而第二部分专注于探讨剧目、主题及作
曲的技术细节，阐述了对新建筑的构成工具与规则的探索。因此，
与书中其他部分的线性结构不同，它的轨迹始于一片山中之湖，
围绕着它不断上升，最终抵达高山、陆地和宇宙的融合，同时我
们也在阅读和思考中不断前行。在第二部分中，进度暂停，七幅
插画像是为初学者准备的一本目录或旅行指南，详细说明了阿尔
卑斯地形中有限的设计元素的实际应用——山谷底部、山峰、水
流的流向和形态，以及地貌和大气的物质特性——提炼出可以复
制的形式和范例原型，我们可以从中辨认出阿尔卑斯垂直性的重
要特征，以及它所隐含的集体创作与精神孤立之间的紧张关系。

第二部分的装饰图案精准预示了接下来的内容，展现了人造对称
性以及云雾中的水蒸气围绕着三角峰顶形成升腾光环的场景。这

1   弗里德里希·尼采（1974），《快乐的科学》，古典书局。

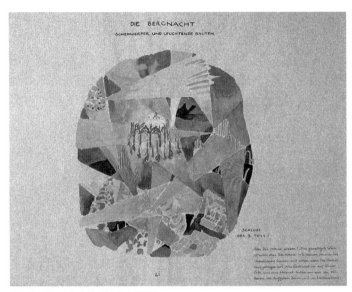

布鲁诺·陶特，阿尔卑斯建筑，第21幅插图。

种构图在第5、7、8幅插图中得到了阐释，虽然每张插图的重点不同，但共同体现了两个主题：具有三角形和多面体切面的宝石般的峰顶，以及矩形的山顶和山丘通向新兴的拱廊，形成了一种虚构的穹顶格架，或者更确切地说，当其向天空开放时，它构成了圣杯的镂空图案。此外，三幅插图中的升腾光环赋予了它们一种朦胧感，使其他一切都黯然失色。众所周知，这两个主题以一种正式的方式呼应了神秘主义者梅斯特·埃克哈特关于男性与女性二元论的超然本质的著作。然而，这套形式并不仅限于这种稍显直白或文字化的体系，尽管它确实概括了陶特和他女儿的老师在

7

布鲁诺·陶特，阿尔卑斯建筑，第7幅插图，"水晶之山"。

逃离卡托维兹后的情绪状态；在第7幅插图的底部和第9幅插图的主要部分，描绘了其他建筑形态，呈现了不同的几何结构。矩形和梯田式，与它们位于山谷底部的位置相符，那里雪和云雾的水蒸气转化为液态和流动态，引出了第三种几何类型，让人联想起巴比伦、印加或阿兹特克建筑，同时也与尼泊尔的宫殿相似。此外，在第6幅和第10幅插图中，山谷的底部激发了陶特想象中的另一种模式，以花卉的形态出现，具有明显的女性化性别象征。这一切使我们认为，在高处，山峰的三角形和弧形模拟了阿尔卑斯地貌的男女二元论；在山谷里，梯田坡地与瀑布或色彩丰富的花卉作为一种双重关联，形成了一种水平扩展的建筑模式，而非密集、垂直的方式。

建筑向超越人性的转化涉及四种形式原则——三角形、拱形、梯田和花形结构——它们通过水的液态、固态和气态三种形式，将这些模式串联成一个生命和物理的连续体。但当我们对比第7和第8幅插图，即"水晶之山"与"怪诞地带"时，方案及其引用的清晰度部分地消失了。因为相同的主题在两种截然不同的美学基调中发展，如果说第一幅图以其具象和令人不安的对称性为特点，那么第二幅图则采用了立体主义抽象手法，甚至将云朵变成了一种类似手风琴的斜坡，使整个构图产生了一种与第一幅截然不同的戏剧性紧张感。第一幅图通过其古怪的完美主义呈现出一种梦幻或超现实的效果，让人联想到《双峰》（一部美国电视剧）式的氛围。整本书中，这种二元对立在具象与抽象之间、古典形式的秩序与大胆的雕塑实验之间反复出现——例如第21、22和29幅插图，我之所以认为它们更有趣，正是因为它们更强烈地偏离了对自然的模仿，并提出了前所未有的形式。另一方面，作者几年前撰写的《城市之冠》中所体现的历史主义雄心，以及他对先锋派、抽象和表现主义的关注之间的二元性，似乎显然与陶特的整个美学项目一致，源于风景如画派和浪漫主义的这些概念试图为自然现象和人工创造统一标准。与此同时，表现主义深深浸染着悲观主义和主观主义，这是对进步的实证主义信仰及其在第一次世界大战中残酷的"副作用"的一种反应，它要求以另一种方式将主体置于世界和自然之中。

毫无疑问，无论是有意还是无意地，这种模式体系在当代许多有趣的建筑中都有体现——这在我们工作室的项目中尤为明显——也体现在具有独特魅力的玻璃材质、颜色或沿斜面形成上升坡道的垂直连接中。以上这些元素在当代建筑中都具有强大的生命力，在近一个世纪后仍然值得受到评论家和广大公众的关注。我认为这一点显而易见，无需过多强调。我们更应该关注的是布鲁诺·陶特的构思过程带来的关键转变。这是一种雄心勃勃的宇宙建构，它通过幻想的展示和手绘草图这种具体媒介，将建筑文化、历史、新的雕塑趋势、自然的新视角以及同期的哲学思想串联起来。正如勒·柯布西耶稍后所做的那样，陶特需要构建一个全新的、想象中的世界，以此将自己投射到现实中。同时，他也意识到了逻辑中心主义、理性和推理的局限，用一种类似尼采格言的方法，反对功能主义的理性信仰，这种方法基于启蒙之旅和修辞说服，反对三段论的形式逻辑结构。陶特插图的说服力不仅源于令人称赞的技巧，还源于它们的开放性。它们几乎是散乱的，以线条勾勒出图形，却并不精细描绘，这些线条并未汇聚在点上，

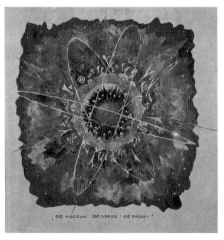

布鲁诺·陶特，阿尔卑斯建筑，第22幅插图。
布鲁诺·陶特，"太阳系"，第28幅插图，原编号丢失。摘自《阿尔卑斯建筑》印刷版。

布鲁诺·陶特，阿尔卑斯建筑，第9幅插图，"有着华丽建筑的山谷"。

而是相互交错或从未真正相交，从而避免了对精确的追求，不仅让他自己的想象力得到释放，也让那些发现自己沉浸在这种转瞬即逝氛围中的观者的想象力得以自由飞翔，只在他们自己的意识中得到完善。这种对待项目的双重方法——创造一个奇幻的宇宙构想，并使用我们可以称之为"雕塑格言"的技巧——构成了一种练习，其时效性和实用性在今天仍值得我们思考。因为尽管许多事情已经发生了变化，但对未来的不确定性以及个体和创造力在技术饱和的拥挤环境中的角色定义问题仍然存在。如果有所变化，也只会是更加强烈、更加明显地揭示了理性在为当代城市问题提供满意答案方面的局限性。

对于那些认真阅读这本看似简单却又引人入胜的书的人来说，他们将逐渐进入一个结构极其严密的宇宙，这是一位才华横溢的创造性思想家的产物。他对新美学理念的追求使他得以进入那些除了书中的结构以外——通行的仪式、幻想的想象练习，以及对手部这一躯体媒介的完全投入——几乎无法接触的领域，从而创造了一系列具有说服力的格言，建构出一种建筑的宇宙观。

（作为最后的题外话，我无法隐藏这样一个事实：所有这些主题都对我们的工作产生了影响。在我们有机会在阿尔卑斯山脚下的都灵实现的第一个项目中，面对这种复杂的垂直项目，我们感到有必要回顾陶特的晶体结构，在都灵城市结构的合理性中将体量扭转并朝向山脉。同样，当我们需要建造地下结构或洞穴时，如在洛格罗尼奥——西班牙拉里奥哈的综合交通枢纽站，我们受布鲁诺·陶特画作的启发采用了三角形，分解平面并产生洞穴与上方

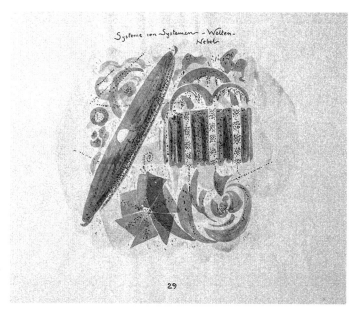

布鲁诺·陶特，阿尔卑斯建筑，第29幅插图，"'系统—世界—云'系统"。

花园之间的双重性——洞穴材料由轻质铝构成，而花园的花坛则采用与下方空间相同的三角形式，但使用的是自然材料而非人造材料。在正面与反面、头部与尾部、自然与人造、山与洞穴之间，这两个项目毫不掩饰地展示了陶特的影响力，将与所爱之物相关联的满足感展现出来。)

2. 狂热之圈[1]（1919—1926）

马德里艺术协会大楼，是安东尼·帕拉西奥斯设计的建筑作品，与布鲁诺·陶特的论文在时间上相吻合。设计竞赛于1919年公布，该建筑于1926年完工。安东尼·帕拉西奥斯（1874—1945）在建筑界是个复杂的人物，他一生中饱受批评，直到最近才被重新认识和评价。他在马德里设计的作品被认为是该城市最具特色的建筑，它们为马德里赋予了大都会和国际化的风貌。

然而，一些建筑的命运往往取决于所处时代，及其后续时代评论家们吸收这些建筑思想的能力。当然，这也与建筑创作者本人的连贯性和严谨性，以及他们是否能精心设计出一条反映时代问题和特定时代文化辩题思想的轨迹有关。然而在马德里艺术协会大楼和建筑师安东尼·帕拉西奥斯的身上，情况截然相反。无论是建筑本身还是建筑师都被看难以琢磨、无从分类的典型：帕拉西奥斯无法被称作一位手法连贯的建筑师，在他所处的时代也没有任何一种评价模式支持他的作品。协会大楼完工之际正是现代主义在国际上声名大噪的时候；与此同时，无论是出于功能的辩

1　本翻译所依据的文本为"狂热之圈"一文的编辑版本，该版本发表于插图百科全书《阿蒂斯大全》（1996年）中第40卷"20世纪西班牙建筑"，并参考了安东尼·帕拉西奥斯展览目录，马德里的建设者（2001年），以及《建筑热力学与美》（2015年）。

从西贝莱斯广场看向马德里艺术协会大楼，马德里，约1920年。

白还是本土传统的思潮，都无法为协会大楼提供概念上的支持，它受到的好评不温不火，批评也从未间断。现代主义者和传统主义者对协会大楼所持的态度相仿，认为它代表了一种空洞的纪念碑风格。从这位颇有才华却自大自负的建筑师身上看到的，只是怀旧的、个人主义的态度。尽管没有人会质疑帕拉西奥斯的专业性，但是这座建筑和这位建筑师却被命运抛诸滚滚洪流之中。时至今日，这种评价非但没有改变，反而愈发强化：这的确让人意外。最近致力于研究20世纪西班牙建筑的《阿蒂斯大全》把帕拉西奥斯称作"强迫型的形式主义者"，再次证实了这一点。

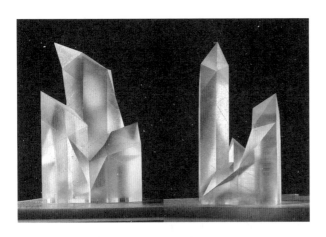

都灵的斯皮纳塔，阿巴罗斯 + 森克维奇工作室，意大利，2008 年。
洛格罗尼奥的综合交通枢纽站，阿巴罗斯 + 森克维奇工作室，西班牙，2006—2020 年。

事情有时候就是这样，过去的建筑中那些批判性的想法只是尚未找到正确的阐释方式，才会在后来获得新的理解。这就是"我早就说过……"的时刻；是将大众智慧纳入学术框架的时刻；是重塑学术研究和城市导则的时刻。我想，幸运的是，类似的事有可能发生在马德里艺术协会大楼上。这种越来越正面的评价归功于对一种简单化批判方式的摒弃，因为这种批判拒绝重新考虑那些意识形态与历史学家相悖的人物。像帕拉西奥斯这样从任何角度都难以分类的人物，他的职业生涯经历了意识形态上的重大改变，那么跳过上述的批判方式将会成为认识他作品的重要突破。

今天我们能不带任何偏见去看待这个作品，摆脱他"父亲"般压迫性的存在，让其以本来的面目出现在我们面前，就像一件工艺品、一座正与支持它的实体环境对话的至美建筑。现如今，我们看待它的方式之所以发生重大改变，一个更重要的原因是最近涌现出一种现代大都会的观点，把大都会的无秩序和混杂看作必需的、可取的要素。而基于寻求和谐秩序的改革主义观点的伦理和道德标准已不再适用（从柯布西耶到雅典宪章均是如此），现代主义的正统性正逐渐让位于观察和科学的阐述，这一切都是为了在现代大都市的混杂背后寻找其隐藏的秩序。雷纳·班纳姆所著的《洛杉矶：四种生态学的建筑》或者雷姆·库哈斯后来所著的《癫狂的纽约》，这些是全世界建筑学专业学生的基础读物，为人们欣赏库哈斯提出的拥塞文化铺平了道路。这种模式在纽约市中心体育俱乐部中得到了体现，这座建造于1931年的摩天大楼有着高度复合的功能（各楼层中分别有旅馆、健身房、游泳池、壁球场，甚至还有个小型高尔夫球场地），展示了大都市氛围中人工体验的形

安东尼·帕拉西奥斯在马德里塞达塞罗斯街工作室的屋顶上，约1930年。

式：疯狂的维度。谈到艺术协会大楼时，我会想到这座纽约的摩天大楼绝非巧合。几年前，当我们向马德里建筑学院的学生们提出将协会大楼作为研究对象时，他们一致提出进行比较分析的第一个案例就是纽约市中心体育俱乐部，紧随其后的是芝加哥的一座礼堂，后者是路易斯·H.沙利文的作品，是一座有着相似复合功能的伟大结构，它沿垂直方向组织了一系列在城市中通常沿二维平面展开的功能。

这种一致意见说明了很多原因。首先，因为它直接指向了北美大都市，将最原始的北美摩天大楼的类型学模型，视为协会大楼这个伟大建筑之梦背后的诱因。其次，它为如何使用、保留这座建筑并为其赋予城市内涵提出了最恰当的阐释。最后，它证明了协会大楼的时事性，不仅与现在有关，也与它设计的时间点有

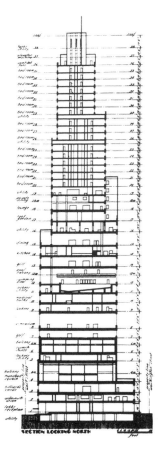

市中心体育俱乐部，斯塔雷特和范·弗莱克，纽约，1930年。

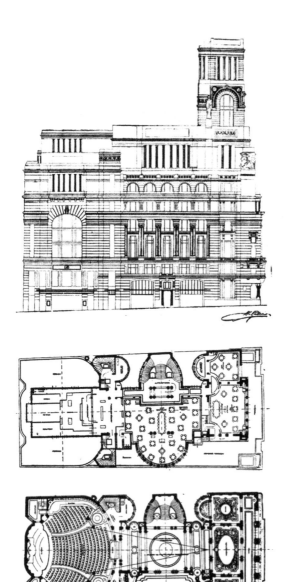

安东尼·帕拉西奥斯设计的沿街立面以及首层、主要楼层平面图，1919年。

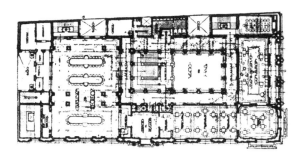

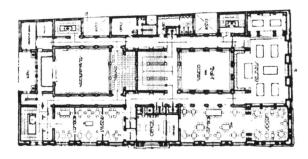

赛昆蒂诺·朱尔佐和费尔南德斯·金塔尼利亚在马德里艺术协会大楼设计竞赛方案
中设计的沿街立面、主要楼层平面和夹层平面图，1919年。

艺术协会大楼内部照片，1926年。大堂、会员入口、地下室室内游泳池、宴会厅、会员餐厅、主娱乐室的"小喷泉"和吸烟室。

关——帕拉西奥斯的项目从1919年开始，直至1926年完工，而市中心体育俱乐部于1931年建造。

众所周知，这个项目源于一场引人注目的设计竞赛，赛昆蒂诺·朱尔佐和安东尼·帕拉西奥斯提出了两种截然不同的设计理念。通过比较他们提交的方案图纸，我们可以清晰地看到两套不同的概念。对朱尔佐而言，协会大楼是一座行政建筑，也是一个社交俱乐部，通过围绕天井和中庭的走廊，以精湛的技艺展开和谐的空间序列。从本质上来说，这样的空间是平面的、二维

的、组织化的。在帕拉西奥斯的设计中没有任何天井、走廊或重复的布局；该建筑被解释为不同空间在垂直方向的爆炸组合，各种空间布局花样迭出、互不相让，比如一个跨越整座图书馆的圆顶，末端为一座依傍在柱厅旁的喷泉。这是一种近乎表现主义的巴比伦式实践：设计师试图驾驭简单粗暴而具有垂直方向驱动力的设计，来积极地尝试芝加哥原型的组织类型。在面对功能的复杂性时，它不再尝试达成共识，而是选择在三维上强化和表达自己的差异性。这无疑是协会大楼概念的核心所在，是马德里第一座摩天大楼的细微征兆，矗立在20世纪早期都市化最繁盛的城市系统交会之处（阿尔卡拉街和最近建成的格兰维亚大道）。它在城市中的位置和姿态都对它的垂直特性做了充分的表达：在阿尔卡拉街一侧保留了城市化的装饰，在较矮的体量上采用规则而丰富的装饰画构成元素，再往上则使用一种近乎皮拉内西式的形式大杂烩与抽象的几何体——装饰艺术——这种手法在他著名的工作室塔楼上达到巅峰，直到今天仍然突出于城市天际线，虽然它给帕拉西奥斯带来大量法律上的争端，但是这位建筑师还是力排众议地完成了它。这不仅展示了建筑师赋予这种构成元素的重要性，还展示了他对城市中反叛与个人行为的认同。建筑在沿街高度上保持了谦逊的外观，其垂直、自给自足的结构却与马德里的地形形成了鲜明反差——与丽池公园和西贝莱斯广场相比，与普拉多大道和格兰维亚大道相比，与它所面对的城市最独特的元素相比，艺术协会大楼拟人化地引人瞩目。帕拉西奥斯将胡安·路易斯·瓦萨洛用青铜铸造的雅典娜像置于协会大楼顶部，与塔楼和建筑形成"角逐"的态势。二者不仅在垂直向上的构图上存在相似性，在俯瞰城市的位置和象征意义上同样具有可比性：帕拉斯·雅典娜是艺术与战争女神，用帕拉西奥斯引述的话来说是"金色与胜利"，代表了在他的想象中自己作为一位艺术家所经历的斗争。这也正是艺术协会大楼的象征意义：在俯瞰并主宰这座城市时，将艺术引向胜利。

帕拉西奥斯设计的大楼所试图服务的艺术家不是处理协会事务的职员，而是有着大都市性格的漫游者，是查尔斯·波德莱尔描绘的现代生活中的艺术家——他们沿着大街漫步，坐在露台上攀谈，度量着大城市的气象。大楼内的房间被依次组织排列，这些空间形成楼层和区域，其中"对话"是最主要的部分，不由分说地反对了贵族式的艺术实践概念。帕拉西奥斯对这种反叛感到很舒服，艺术家们也是如此，他们通过自己的坚持，最终成功地将帕拉西奥斯的方案推到了朱尔佐的方案之上。人们只需要看一眼帕拉西奥斯构想并建造的项目就能理解这个概念的范围。首层：大堂、展览空间、谈话室和日光房；夹层：私密会所、小型娱乐室和日光房；主要楼层：大型庆典空间、会议室和谈话室、剧院和电影院；顶楼套间首层：阅览室；顶楼套间二层：休闲室和董事室；露台首层：餐厅和厨房；露台二层：艺术空间；地下室首层：体育教室、酒吧、浴室、健身房、击剑场和"溜冰场"。因此，人们将这座大楼与著名的纽约市中心体育俱乐部自然而然地联系在一起绝非偶然，两个项目都受到同样的启发，特定的空间与语汇都指向了沙利文的芝加哥礼堂。后者的塔楼部分采用了相似的构图方案，顺便提一下，沙利文在那里有自己的工作室。

这些联系听起来可能像是趣闻轶事，但是它们对建筑评论的演进却至关重要，并为该作品开辟了一种新的诠释途径。这座建筑是马德里极少数的不合比例的大都市建筑之一，它脱离了功能主义思潮的形式道德主义，但却关照到了现代性的方方面面，这些方面构成了我们今天对20世纪城市最准确的理解。

也许有些争议，也许生不逢时，但帕拉西奥斯留给我们一座值得仰视的建筑，这可能是他最完整、最完美的作品，它在建筑评论上曾遭受多舛的命运，而它的现在和未来都将走向光明，它被视为20世纪早期马德里的现代性建筑中最精彩、最清晰的实践。

3. 垂直公园[1]（1926—1929）

2011年春天，我有幸在安东尼·帕拉西奥斯的艺术协会大楼策划"阿尔卑斯建筑"展览，并负责编辑配套目录，展出布鲁诺·陶特的原创插画。同时，我还策划了在电信大楼举办的"格兰维亚实验室"展览，该建筑在2010年迎来了马德里格兰维亚大道开工的百年纪念，正巧为我们提供了一个机会，使我们可以将这两座建筑联系起来，并以后者作为一个实验项目来展示陶特和帕拉西奥斯的影响，探索将现代办公摩天大楼转变为观测台和博物馆的可能性。这个实验为三个通过时间和空间的独特联系串联起来的事件画上句号。在电信大楼第五层举办的"格兰维亚实验室"展览，将格兰维亚大道的曲折路线按照楼层长度分成12个部分进行展示，与受邀为格兰维亚大道的未来提出规划方案的马德里设计工作室数量相同。在这个过程中，我们不可避免地选择了重新设计举办展览的建筑本身，这座建筑最初由伊格纳西奥·德·卡德纳斯设计，在路易斯·S.威克斯的监督下完成，威克斯为ITT设计了众多建筑，是这一建筑类型的专家。我们立刻意识到，就建筑类型而言，这座建筑与艺术家协会大楼形成了鲜明的对比。这

1　本文汇集了2010年"格兰维亚实验室"展览目录中的片段，该展览由作者策划，此片段作为阿巴罗斯+森克维奇工作室在上述展览中呈现项目的一部分。此外，还包括2009年1月17日发表在 *El Pais* 周刊文化增刊 *Babelia* 上的文章"垂直公园"。

建设中的电信大楼，从艺术协会大楼取景，1927年。

两座相距仅500米的（原型）摩天大楼，通过它们的露台屋顶相互凝望，展现了官僚特性的现代摩天大楼与狂欢性的巴比伦式摩天大楼之间的明显差异。前者严格遵循泰勒主义，从理性的施工方法到专注于人流和信息流的组织——这种模式在沉默寡言而令人钦佩的密斯·凡·德·罗手中达到了顶峰；后者则主要是庆祝城市、自然与文化之间的融合，正是这种现代宫殿能够实现的融合，通过将我们与世界联系起来，丰富了人类的条件、知识和创造力，就像观测台或艺术协会大楼所做的那样，通过特定的知识技术改变了我们的基本视觉体验。

在电信大楼的原始资料中，该大楼的建设恰好在艺术协会大楼即将完工之际启动。尤其是它的建设照片，参照了当时已有的办公楼类型和技术模型——更具体地说，是办公室和电话交换站。其中一个格外引人注目且美丽动人的画面是，一种铆接的网状结构在城市的最高点显露出来，展现了这座创新结构在被官僚风格和银匠式风格装饰包围之前，其本身拥有（且至今依然保留）的惊人美感。它建立在代表马德里这座城市的重要地位之上。

我们将其视作一块巨石——此时，布鲁诺·陶特的影子再度显现，他从那地质基座和网格状、阶梯式的结构中走出，促使我们把电信大楼改造成一个"地质公园"，一座从内到外、从上到下均可进入的山峰：一个21世纪的全新机械化花园。于是，我们提出了一个全面改造计划，不仅在功能和类型上对建筑进行了重构，也让它成为城市公共生活的一个渠道。我们的目标不仅仅是把西班牙第一座高层办公楼的原始结构变成一个探索科学、艺术与技术关系的研究中心，更是要彻底改变这些办公空间通常所具有的内向性格。通过利用建筑的现有资源，我们希望把它变成一个对外开放的结构，一个公共的、完全可进入的空间，使其融入城市的肌理，并将其变成一个新型的博物馆和垂直花园，一座可以攀登的岩石，从其顶端可以俯瞰并深入了解这座城市。这是一个既可以向外看又可以向内看的观测台，其设计和功能按照不同的主题尺度来组织，以致敬雷和查尔斯·伊姆斯的《十的次方》一书及同名电影：宇宙、地球、城市、人类、DNA、原子。我们设计的这个项目展示了"垂直公园"这一概念，这是一篇探讨了近几十年来浮现的思想根源的微观论述，标志着当代城市中高层建筑发展的演变：

　　我们所理解的公园诞生于这样的时刻：某个人沿着一条蜿蜒的路径，穿行于一片未受干扰的自然之中，并发现让视线与脚步方向不一致的空间布局有多么迷人。这样的路径环绕着视觉焦点，营造出一种视觉的舞台布景和让身体移动的舞蹈。这是"体验性"兴趣的基本二维原理，它在18世纪末作为一种美学秩序的主题被首次提出，被视为一种基于经验的新型美学形式。一百年后，现代性重新阐述了这一理念，将这些路径引入建筑内部——勒·柯布西耶准确地称之为"建筑漫步"。通过这些漫步，他的项目仿佛变成了电影中的静止画面，找到了风景如画派在其建筑作品内的映射（窗户景观既连接又隔离了外部的园林和内部的立体主义静物画——这两个概念的结合将舞蹈和蜿蜒布景扩展到三维空间）。今天，景观建筑已经开始适应最复杂的形式，融合了新的雕塑理念、新的技术与材料、新的科学范式以及新维度，同时把时间作为设计和建造的一个重要元素。

建筑和景观建筑中蜿蜒曲线的历史还有待书写，我们还不能充分想象，这两个领域的时空拓展在不远的将来能带来什么。如果我们深入探索那些思想孵化的地方——研究建筑与景观建筑的学院，我们将会有所发现。在这些学府中，由最早的风景画家们引入的蜿蜒线条，目前正获得空前的关注并经历深刻的变革。无论我们身处何地，不论国家、教授、学校或是主流趋势如何，未来的建筑师们都在尝试并无意识地重复一种行为，这种努力不断遭遇挫折，几乎从未真正成功，但他们之所以如此执着，是因为他们有一种"必须"完成的想法，在这种想法中继续坚持自己是必要的。而这种重复所塑造出的成果，很难简单归类于"建筑"或"景观建筑"的范畴，因为它试图将两者融合，把自身扭曲成螺旋形、鸟巢、篮子或龙卷风的形态。

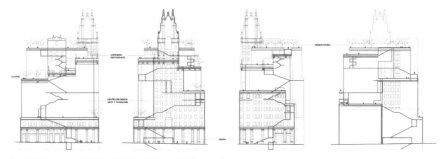

"电信大楼"项目，阿巴罗斯＋森克维奇工作室，马德里，2010年。

"电信大楼"项目，阿巴罗斯+森克维奇工作室，马德里，2010 年。

它试图创造一个全新的垂直混合体，出于习惯，我们称之为垂直结构或"摩天大楼"。这个垂直的"实体"同时融合了自然与人造材料，并通过正弦形的机械化连接，旨在打造一种与现代大师们口中的公园、公共空间相似的体验。它的扭曲创造出一种新型自然，这种自然的塑形允许我们构建出既有生产又有休闲功能的混合功能空间，同时创建生态系统、自然公园或主题公园、迷宫、农田及畜牧场、自给自足的能源公园，以及利用风、水、光或土壤作为建筑活性材料的开放式"实体"，这些都能产生公共和经济资源。毫无疑问，这个垂直的综合体是一个适应了新感知形式和新休闲观念的新实体；它将促成人类与非人类之间的新对话，形成一个正如布鲁诺·拉图尔所说的、新的"万物议会"（其影响力不容小觑）。在这个构想中，建筑、景观和环境以一种理想的形态产生了必要的融合。可以说，这可以被看作是这些学科的巅峰之作。其吸引力在于，它既是设计和环境理解的起点，也是最终的结晶，能够将建筑、景观和环境三个学科融合为公共空间的新理念，甚至可以成为

"电信大楼"项目，阿巴罗斯＋森克维奇工作室，马德里，2010年。

一个综合采用自然和人造元素作为能量获取系统的混合原型纪念碑。可以预见，在不久的将来，这个具有超过200年历史的设计理念将成为现实。最终的公园将是垂直的，在所有主要的大都市中建造，并将为建筑与景观建筑作为公共空间和环境学科的交汇点注入新活力。[1]

我希望通过一张旨在阐释高层建筑思考和设计方式演变的图表，来结束这次穿越百年的建筑历史探索之旅。这张表格有意做到了简明且富有对比性，同时有效地展现了摩天大楼作为当代社会公共宫殿的演变。

20世纪		21世纪
楼层	**关键内容**	**剖面**
单一功能	功能	混合功能
建构	设计技术	热力学
外部	构图焦点	内部
形象	工具	物质
纤细	形态	巨大
顶部/顶端	最大城市强度	基础/下部构造
形象/背景对比	与环境的关系	形象与背景结合
控制	主体位置	知识
未来 vs. 现在	历史展望	过去 vs. 现在
独特	材质	混合

---

1   伊纳吉·阿巴罗斯（2009）. 垂直主义 . *Babelia (El Pais)*，1月。

二元论

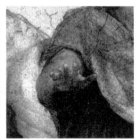

柏拉图和亚里士多德在拉斐尔的《雅典学派》中的细节，1509—1511 年。

1. 组织还是设计？ [1]

两场研讨会——"设计技术"与"组织还是设计？"——以截然
不同的方式回答了同一个问题：我们如何构思建筑项目？这是一
个基于观察学生和教授们（只要他们有足够兴趣）的工作实践而
非局限于理论视角所提出的务实的议题。学术界一直是（并将持
续是）这类讨论的最佳舞台，因为它一方面需要生产并传播实践
验证的设计技术，另一方面必须充当一个探索其他可能更先进的
替代实践的实验室，为教师和学生们提供探索空间。这种探索始
终与学术领域相关，其目标是传播专业知识，并通过探索和讨论
那些处于萌芽和思辨状态的新思想，来不断推进这一知识基础。

"设计"与"组织"这两个词在建筑师的工作中所蕴含的张力，引
发了我对拉斐尔在其壁画《雅典学派》中用色调和构图精准捕捉
到的柏拉图和亚里士多德之间对话场景的深思。在这幅壁画里，
柏拉图用指尖指向天空，喻指那由宇宙至高秩序统治的天穹，这
一秩序通常遵循着人类难以理解的严格法则。他左手持有《蒂迈
欧篇》，这是他最为抽象和雄图大略的作品。亚里士多德的手水平
伸出，掌心向下，指向人类的世界、生命的世界，以及人类情感
与激情的世界。壁画通过展示亚里士多德手持的《尼各马可伦理

---

1   第三届建筑研讨会闭幕式："组织还是设计？"于2015年10月15日在哈佛大
     学GSD举行，作为"所有这一切都是坚实的……"专题讨论会系列的一部分。

学》明确地指出了一个两者达成共识的领域：这是一个由伦理支配的日常世界。然而，对宇宙法则的客观性的信任与人类的主观性和生物冲动是天然对立的。几乎没有必要去讨论现今建筑界中是否还存在这样的二元性：建筑领域中对于建筑系统化和客观化形态的必要性，与强调城市及建筑文化属性并主张主观创造力更需要文化而非技术专长之流的观点之间的争论。

如果说在"设计技术"研讨会中，我们更强调的是将一些对当前国际设计界有着不可忽视影响的设计师独特且个性化的方法组合在一起，"组织还是设计？"研讨会则既反映了是否存在一种不依赖于主观创意的设计方法，也反映了严格的信息组织能否将特定参数转化为功能组织（机构）或建筑，以及这一转化如何实现。对这两场研讨会及其相应的出版物进行结构化区分，使得两种方法都能展示它们各自的关注点、方法和成就，避免了直接冲突，从而不仅摒弃了无益的争论，也削弱了将两种方法融合的必要性，因为它们的共存本身是有必要且互相受益的——这是一种非常自然的现象。实际上，我们经常可以看到这些方法在同一位建筑师的工作中和谐共存，这种共存挑战了那些以两极分化立场来看待和理解自己的建筑师的能力和/或意志。

然而，拉斐尔的画作实际上向我们展示的不仅仅是两个世界，而是三种存在于世间的方式共同勾勒出一个项目发展的典范。第一种是信任那些支配宇宙及冥界伟大机制运转的抽象法则的方式，这些法则在可被理解的范围内促进了巧妙结构的构建，使我们能够通过模仿神的治理在知识和效能上取得进步；第二种方式是人类共同生活，建立共识并允许人类精神表达其主观性，其核心在于认识我们自身的主观性和创造力；第三种，是拉斐尔自身较为隐蔽的方式，他为前两种理解方式构建了一个由美丽的建筑框架组成的环境，既有石材的基础和地面，也有仿若天际的轻盈拱顶，从而创造了一个围绕对话为核心展开的框架。对拉斐尔而言，对话是实质性的主题，远比任何一方的具体论点更为重要。简言之，这幅《雅典学派》壁画汇集了科学法则与人类契约的主观伦理、美学及辩证法。学院不仅仅属于某个或某些作者，它包容了所有认真倾听的人；旁观者们将其记录下来，日后构建自己的世界。学院是一个重要的场所，它使建筑变为一场对话、一座城市的关键之地。

拉斐尔的《雅典学派》，1509—1511年。

2. 关于设计技术[1]

在哈佛大学GSD（设计研究生院）中，D（Design，设计）这一字母在其文化中占据了重要位置，因为它意味着要深入探索建筑等学科的核心，不仅要在传统学科的范围内思考，更要拓宽视野，跨越学科的常规边界，与其他设计学科碰撞，从而突破传统规范。设计是一个涵盖众多学科的概念，它指引我们朝向一个共同的"外部世界"。然而，向外探索和向内审视是必需且互补的过程，它们构成一个系统，赋予我们活力，使我们能够规划未来。规划未来在一定程度上就是指出方向并宣称"我们将往这个方向前进"。它包括做出正确的选择，不仅需要行业内部的共识，还要考虑社会和文化现实，包括它们所有的挑战和期望，并向文化素材中注入新的美学观念。这一切既无法仅通过向外寻求和指指点点来实现，也不能仅凭固守在严格的学科自主性中来完成。

或许，我们今天应当从一些更加实际且谦逊的问题入手，反思我们究竟在做什么，哪些设计技术真正引起了我们的兴趣，我们真正信仰哪些技术，有哪些设计技术让我们坚定地说："我不再喜欢也不再相信那些其他的方法，它们的时代已经过去，别问我原因，我只是在做我认为自己应该做的事，我自己也几乎不清楚我是怎

1　2014年10月30日在哈佛大学GSD举行的建筑研讨会简介："设计技术Ⅰ"，
　　作为"所有这一切都是坚实的……"专题讨论会系列的一部分。

样或为何这么做的。"我如何或为何这样做,是什么和是谁给了我灵感,这些问题极其重要,却又讽刺性地被忽略,这在一种经常沉迷于哲学和科学的豪言壮语的职业文化中尤为明显。

我想在此提两个观点。第一点,"怎么做"和"为什么"之所以重要,是因为它们帮助我们识别那个让建筑师(包括学生)沉浸并专注于自己职业的核心时刻。他们为自己的职业着迷,把大量的时间投入"亚里士多德式的推动者"——设计中,这种热爱使他们能够在大量杂乱无章的各种原始数据中捕捉到最令人愉快的时刻,并将其转化为一个需要数年甚至数十年才能实现的愿景,这个过程中会遇到许多需要克服的困难。对许多人而言,这是一个关键时刻;而对其中绝大部分人来说,这是唯一重要的时刻,是为建筑赋予意义的时刻,它全面地诠释了建筑具有科学与艺术、知识与主观性的双重性质,构建了有意义的人类生活框架基础。第二点,关注工具与设计技术之间的区别。我们讨论的不是建筑师使用的具体工具集,而是我们如何使用这些工具,以及使用它们的目的。对盖里与列维-斯特劳斯的比较,可能会为这个话题提供一些参考。《野性的思维》一书中对于"拼装者"与科学家之间差异的精彩阐述为我们所熟知。拼装者在工作时没有计划,使用的资源和程序与普通技术不同。他使用现成的资源而非原材料,包括产品、碎片、剩余物和零碎部分;正如列维-斯特劳斯所说,他自己发明了这种"文化子集"的工具性。工程师将自己与此时此地的拼装者拉开距离,基于他所处时代的自然/文化关系,探索"此时此地和超越"(用列维-斯特劳斯的话来说就是宇宙)的知识,并选择最适合实现其目标的物质资源。这是两个完全不同的世界,支撑着两种不同类型的物质文化。初次阅读时，谈论设计技术似乎就是在讨论手段，思考它们之间的差异——例如从手绘到透视图，再到参数算法的使用——如何影响我们的决策过程，以及为什么我们认为某个项目是有意义的。

然而，弗兰克·盖里——像许多其他处于技术转型时期的建筑师一样——使我们质疑那些过于草率的假设。他在早年职业生涯中是一个备受赞誉的拼装者，能够利用手头的材料组建房屋，并具有拼装者所特有的即时性。很少会有人对这种方法论的起点提出质疑，但事实是，今天，随着盖里技术及CATIA、其他先进计算机辅助设计程序的使用，盖里的工作室已经成为了算法研究的先锋，在专业领域中处于领先地位。然而，值得注意的是，他的设计理念——他希望其设计作品是什么样子的，以及如何实现这些理念——似乎并没有发生任何变化（马克·威格利将他看作是解构主义的代表，尽管盖里本人并未阅读过解构主义理论，当然也没有受其影响）。在盖里

克劳德·列维-斯特劳斯，《野性的思维》，1962年。

弗兰克·盖里在圣莫尼卡的住所（上图）和洛杉矶的华特迪士尼音乐厅。

的作品中，有一种独特的创新思维，它将自己的意志强加于任何科学、文化或方法论的偶然性，这种意志建立在决定事物应该是什么以及如何去做的私人行为之上。列维-斯特劳斯在一段含糊的段落中，通过他对拼装者和科学家之间二元论的阐述，巧妙地解释了这种看似矛盾的情况："艺术的问题在之前的讨论中已多次被提及，值得指出的是，从这一视角看，艺术位于科学知识和奇思妙想之间的中间地带。众所周知，艺术家既有科学家的一面，也有'拼装者'的一面。他通过自己的手艺，创造了既是物质对象也是知识对象的作品。"许多人都对创造性过程及其在心理上不易琢磨的主观性领域的探索感到疑惑，因为这种主观性是与琐碎的实际问题和宏观的抽象概念相抗衡的。在专业实践的日常工作中，我们会遇到一些关于范式转变的伟大理论，但这些理论资源却并不符合上述任何条件。那些远离一切高压的限制因素和本能动作，我们从未完全意识到，却像建筑艺术实践中的秘密特工一样发挥着作用。

雷蒙德·卢塞尔，《我如何写作我的某些书籍》，1935年。

通常情况下，这些直觉性的做法所基于的问题与项目客观要求相去甚远，仅仅提及这些问题就可能严重威胁到设计师的可信度。因此，这些做法相比于科学或工程领域的创造，更深刻地体现了建筑的艺术本质。这种艺术性的度量标准，在于我们建筑师所采用的设计技术与任何实际功能的脱节程度——这些技术既没有解答提出的问题，也不基于提供给建筑师的任何客观数据。此外，这些技术充满了异想天开、颠覆常规和童真的玩乐元素——不是逆流而行，而是更多地绕开了预期的路径。

它们表明，只有新颖或意想不到的事物才能真正激发艺术性；这正如塞万提斯在《唐·吉诃德》的结尾处骄傲宣称的"如我所愿"——这被视为有史以来最简洁的设计技术宣言。雷蒙德·卢塞尔的著作《我如何写作我的某些书籍》，包括《独处之地》等作品，是一个关键的参考点，这个标题仿佛可以直接应用于我们的研讨会——"我如何设计我的某些项目"。它强调了对作品施加的自愿且完全非理性的限制，如在作品的开头和结尾强制对称，以及其他许多明显的随意的技巧，几乎将作品转变为通过高度随机的词语排列而成的巨型回文。然而，除了特有的玩世性、达达主义的随机性之外，这本书是一位作家对创作的论述，他用一种令人极为惊讶的语言向我们讲述，在这种语言中，一切都通过创造性时刻来思考。雷蒙德·卢塞尔通过对一些看似极其无用、难以想象的技术进行冷静的、几乎是法医式的剖析，作出了非凡的贡献，这持续地帮助人们认识到——在我们那些看似晦涩的实践中，我们并不孤单。武断、强迫、细致或在某个词的私人游戏中发现的特殊性，并不仅仅是一个选择，而是一种必要，而且，矛盾的是，这并不一定与我们行业常要求的功能性、效率和经济性相矛盾。事实上，它们往往出乎意料地对这些目标有所助益。尽管这些思考还处于萌芽状态，但正是它们促使我们迅速撰写了这次设计技术研讨会的总结："在设计消解的时刻，技术是建筑师能够紧握的一切。技术占据了理论与实践之间美丽而不确定的断层空间。设计技术不拘泥于其中任何一种，它拥有独一无二的力量。技术可以颠覆、创新、交流或带来惊喜。同时，技术也是成员身份的无声标记——用来划分同事群体。它在建筑领域展现了新奇的实践方式，拓展并推进了我们学科的核心。"

将我们真实的工作内容比作参与匿名戒酒互助小组的过程，并不能保证有效地推动学科进步。然而，它有助于将真实设计过程中所蕴含的主观性与知识的复杂融合可视化，并揭示两种专业实践在程序客观性掩盖下的谬误。我所指的是那些被称为"企业建筑"的商业建筑实践，以及那些基于机器中心论的教条式言论，其中创作者及其权威（似乎）在精心策划的、有条不紊的超客观性实践之后消失了。正是通过剥去玩乐元素，消除任何消极或反应性的冲动，抹去任何主观性或幽默感的残留痕迹，企业建筑产品作为真实建筑的完全谬误才被揭露出来，因为它自身并不能提供任何有创造力的内容。这就是为什么它试图以"时尚"来包装自己，同时又试图在不冒资金风险的情况下窃取这种精神。

第二场葬礼将属于那些无法接受游戏性、高度随意性的人。这种随意性为生命和创作赋予了意义，他们永远无法预见新艺术家的诞生，这种基本的本能使我们能够"嗅出"那些正在奋力前行、更有远见的人。这是教条主义者的葬礼，他们被逻辑严密的论述所迷惑，周围围绕着一群追随者——其中总有一些是伪教条主义者，他们在职业生涯初期就寻求客观主义的论述，像许多年轻的、职业生涯早期的激进者一样——随着时间的推移，他们的论述经历了根本的改变。说到这，我们怎能不提到勒·柯布西耶或阿尔多·罗西这样的例子？他们尝试撰写关于自己设计过程的书（前者的《难言的空间》，后者的《类比城市》），但最终都选择了放弃。仿佛在罗西的作品中表达声学空间的本能模糊性或表达对拼贴和记忆的乐趣都稍显玩味，与他们早期的功能主义和类型–形态学论述发生了冲突。这篇文章是在反对理论建构还是反对学科中的科学与文化知识？换言之，不需要了解和研究我们的学科吗？这并非其本意。本文旨在把设计技术重新定位在理论与实践之间，作为我们尚未完全理解其基础的瞬间冲动，处于两个经典时刻之间的转折或过渡点，既非纯粹的理论，也非单纯的实践。在《游戏的人：文化中的游戏元素研究》中，约翰·胡伊津加将游戏视为超越逻辑、生物学或美学定义的人生功能；它是一种自愿的、愉快的、自由的行为，通过创造瞬间的秩序幻觉，从而产生一种基于张力、平衡、对比、变化及内在装饰感的发展的愉悦美感：

> 在文化中，我们可以发现游戏作为一种固有的现象，它早于文化而存在，并自文化的初始阶段就伴随着它，一直贯穿到我们现在所生活的文明时代。游戏无处不在，作为一种行为的特定品质，它与"日常"的生活截然不同。我们可以忽略科学在多大程度上成功地将这种质量归结为定量因素的问题。在我们看来，事实并非如此。无论如何，重要的正是这种我们称之为

约翰·胡伊津加,《游戏的人》, 1938年。

"游戏"的生命形式所特有的特质。[1]

同样地,强调有意识和无意识宇宙内爆时刻的创作行为,与理查德·罗蒂关于将创造过程视为词汇和方法变化的观点密切相关:

> ……艺术、科学、道德和政治思考中的革命性进展,往往始于某些人意识到我们持有的两种或更多词汇体系正在相互干扰,

1　约翰·胡伊津加(1938). 游戏的人:文化中的游戏元素研究,灯塔出版社,第4页。

并进而创造出一种全新的词汇将其代替。[1]……通过逐步尝试和试错，形成一种全新的、第三种词汇——如伽利略、黑格尔或后来的叶芝发明的词汇，并不是关于旧词汇如何组合的发现。这就是为什么它不能通过推理过程——基于旧词汇制定的前提来实现。这类创造并非通过拼凑拼图的方式就能达成，它们不是揭示现象背后的现实，也不是用全面视角替代对各部分的狭隘视野的发现。更恰当的比喻是，发明新工具来取代旧工具。提出这样一个词语，更像是因为想到了使用滑轮而放弃杠杆和楔子，或者因为掌握了正确的画布上色技巧而放弃石膏和蛋彩画。……这种方法是以新的方式重新描述许许多多的事物，直到你创造出一种语言行为模式，吸引新一代去接纳它，从而驱使他们寻找合适的新型非语言行为，比如采用新的科学设备或新的社会制度。这种哲学不是逐个分析概念或验证论点，而是一种整体的、实用的工作模式。它建议我们"试着这样思考"——或更具体地，"尝试忽略那些明显无效的传统问题，用新的、可能更有趣的问题来替代"。它并不会假装有更好的候选人来完成我们用旧方式交流时所做的相同事情。相反，它建议我们或许可以停止那些行为，转向其他，但这些建议并不是基于新旧语言游戏共有的先行标准来提出的。

正因为新的语言体系确实是全新的，才不会有这样的标准。如果遵循我自己的原则，我不会对我想要取代的词汇提出异议。

1　理查德·罗蒂（1989）.偶然性、讽刺与团结.剑桥大学出版社，第12页。

理查德·罗蒂,《偶然性、讽刺与团结》, 1989年。

相反,我将尝试通过展示用新的词汇去描述各种主题,从而使我喜欢的词汇看起来更有吸引力。[1]

新的词汇和新的方法超越了它们的先驱,通过它们所散发出的美丽和新颖而得以推行。它们使用一种新的语言,这种语言变成了我们自己的语言。它们也是灵感的产物,而这灵感的根源我们却不得而知。

1　理查德·罗蒂(1989).偶然性、讽刺与团结.剑桥大学出版社,第9页。

3.二元论[1]

大多数历史建筑的复合张力都源于两种理论上不相同的形态组织，它们分别对应着不同的学科或语言。这种复合张力通常涉及两个组织的联合，既具有一定的兼容性，也有一定的不兼容性，导致一种"弗兰肯斯坦式怪物"的出现——一种以二元论为特征的混合体。不同的形式和一定程度的材料之间的结合可以通过物理方式进行，在这种情况下，组合可能会显露出接缝和疤痕；或者通过化学融合的过程去实现，让"怪物"看起来像一个独特的有机体，并将其最终的视觉效果视为一种新的、令人惊讶的"自然"。

从热力学的角度来看，这些张力可以被视作热增量在源与库之间流动的特征，或者被视作能量的被动性和主动性，同时结合了轻盈与体量、有序与无序、自然的被动过程和热力学设备。建造的过程同样能通过二元性表现，比如一部分由手工制成，其他部分使用机器人生产。

当代建筑师对于机器的关注尚未深入到热力装置的物理原理或空间结构方面。仔细观察不同的机器，比如热交换器、斯特林发动

---

1   本文汇集了来自哈佛大学 GSD 同名展览（2014 年）的材料，这些材料是关于阿巴罗斯＋森克维奇建筑事务所（AS+）的作品，以及来自哈佛大学 GSD（2015 年 2 月 25 日）在"设计技术"研讨会的背景下举办的会议和对话。

机、冷却单元，不仅能让我们理解形式、材料和流动之间的精确关系，也能让我们理解包括建筑在内各种尺度的所有热力学机器在本质上都具有双重属性。简而言之，尽管有悖于现代的正统观念，但二元性却是所有尺度下任何项目中热力学活力的动力来源。

二元论的作用不仅是性能上的，而且是创造力上的，或者可以说是复合能力上的。它们既是制约因素，也是塑形的机会。它们会受到客观条件的影响，也与设计的策略技巧有关，在缺乏特质或属性的情况下创造一种催化的张力。战略二元论在对比程序和语境作为形式的排他性决定因素时极为有效（这种做法在几乎所有"企业级"办公室设计中都有应用）。

当我们从文化、社会、经济和能量表现力为中心的角度来看，有趣的是，这些构成自组织反馈系统的二元论引入一个既属于每个人又不属于任何人的领域时，其解决问题的方案往往更倾向于关注悖论而非客观理性。从玛丽·雪莱的《科学怪人（弗兰肯斯坦）》（最初是朋友间的竞赛）到雷蒙德·卢塞尔的《我如何写作我的某些书籍》（一种自设机制的技术，与项目的目的和当地条件无关），我们很容易在建筑领域之外找到这方面的例子。

在我们多年来的项目实践中，最突出的一点是始终如一地致力于采用多元化、跨学科的方法，将看似相互矛盾的材料和几何资源结合起来。这些方法通常将庞大而复杂的要素结合起来，在技术上运用自然元素以增强观赏性，在景观设计中则使用技术性的材料。

几年前我们制定了一种新的"自然性",其中建筑热力学方法的混合视角获得了操作系统的价值,引出本次展览中第一个呈现在这里的项目——位于马德里M-40公路旁的酒店及会议中心:

> 对自然导向策略的敏感性影响了技术范式。人们的兴趣从高技实验(现代精神的残存)转向混合的模式,并重点关注于巨大且具有能量惰性的天然材料与高度复杂、轻质且能量活跃、对环境变化反应敏感的人工材料之间的相互作用。他们产生一个复合系统,前者负责积累和减少交换,后者则像发电机那样能够驾驭能源。

> 这种新的技术模型预示了一种从材料组织(大规模生产、简化装配、时间和成本优化等),到建筑生产和维护运行过程中能源的合理组织与规划的转变。这种转变使我们可以根据环境的相关性而非材料的一致性和统一性来设计系统,从而为实验开辟了新领域——异质材料的连贯混合成为一种全新的、独特的视觉特征。这种混合的材料特性涉及审美理念的彻底改变,与人类风景的混合风格步调一致。这种混合技术或"混血儿美学"为我们所谓的二元论打开了大门。[1]

二元论在哲学中有着悠久的历史。"二元论"这个术语最初用来指代"共存的二元对立"。它的另一定义是:"包含两个基本部分的系

---

1 "新自然主义(7个微宣言)",在2G 22:阿巴罗斯&埃雷罗。巴塞罗那,古斯塔沃·吉利出版社,2002。

统"。这是通过简单的网络搜索得出的定义范围。它没有说明这两个共存的对立是如何共处的。我们的兴趣并不在于找到任何形式的"综合",而是保持两极的对立,并维持由无法融为一体、注定在差异中共存的元素所产生的张力。

二元论——这个概念指出一个项目可以基于两种截然不同的系统、理念或形式来设计——其美学效果并不直接关联于美或丑,而是被描述为怪异的、挑衅的、时而荒诞的、时而令人惊讶的、引人注目的、可能有点独特的,或者仅仅引人好奇的。有趣的是,这些描述词汇在美学中都源自风景如画派美学的传统。此外,20世纪初的前卫作品也体现了类似的荒谬、惊异、独特或怪异的理念。

二元论与综合形式不同——它讨论的是多样形式和材料的共生。同时,二元论也涉及性能,"形式"一词也蕴含其中。当我和蕾纳塔共同设计我们的首个项目时(一个由超细的玻璃塔支撑、能捕获太阳辐射的飘浮于空中的巨大被动装置),我们认识到在热力学中需要热源和热汇,需要流动性。热力学首先是关于动力学的,而且需要差异来推进这些动力。如果这是对热力学原则的简化,它依然凸显了一个至关重要的观点:热力学意味着双重性。

这种对形式的文化和技术层面上的理解,在项目设计中产生了一种独特的张力,文化与技术这种二元性必须同时出现。二元论被定义为"包含两个基础部分的系统",认识到这一点启发了我们以新的方式看待建筑,看待我们自己的设计或我们喜爱的历史名胜和建筑,即便我们最初不明白它们为何吸引人、它们隐藏着怎样

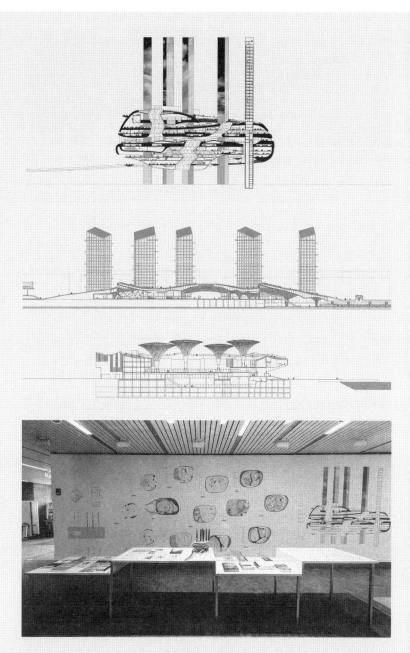

哈佛大学GSD的展览"二元论"中有三个阿巴罗斯+森克维奇工作室的项目。(从上到下)马德里的M-40复合功能建筑,1997年;洛格罗尼奥的综合交通枢纽站和城市规划,2006—2020年;珠海当代美术馆,2014年。

的美。我想邀请大家进行一次穿越时空的短暂之旅，起点是波士顿，但即使我们跨越到其他地方和时代，我们仍与波士顿保持某种联系，尤其与GSD。

现在让我们从参观波士顿的著名公共空间——科普利广场开始。过去几年中，我们发现了一个极其迷人的地点。亨利·霍博森·理查德森的三一教堂与亨利·N.科布的约翰·汉考克大厦之间的关系极为引人注目。我们都很熟悉这种二元论，并且知道这些名字与这个学派有多么紧密的联系。尽管有众多解释，但显而易见，这两座建筑构成了城市中最不协调、最古怪的一对。对那些非建筑专业人士来说，它们看起来像是一对——虽然很奇怪，但确实是一对，或者用我们的话说，是一种活跃的二元性。这种随时间形成的二元性是一种明确对话的结果，这种对话并不试图以任何方式将两者融合。汉考克大厦采用斜切设计，以便于人们从街道上看到教堂和修道院的整体景观。还有一个更有趣的解释。当我第一次思考这种关系如此吸引人的原因时，我觉得这更像是一种拟人化的关系，而不仅仅是建筑。我将其视为一个年轻、高大的NBA球员，正引领一位身着传统优雅服饰的老太太坐下，或让她先行进入广场。我知道这听起来像是玩笑，但我找不到其他方式来描述它：这体现了年轻人对老年人的尊重。同时，每栋建筑与自然的连接方式完全不同。理查德森的建筑深深扎根于大地，是完全具象的，几乎成了大地的一部分，与之同质。而科布的建筑则几乎是脱离物质的，仿佛漂浮在空中。一个与大地相连，另一个则与天空相接。

亨利·N.科布的约翰·汉考克大厦（1976年）和亨利·霍博斯·理查德森的三一教堂（1877年），位于波士顿的科普利广场。

在科普利广场，我们都熟悉并且许多人都欣赏由麦金、米德与怀特建筑事务所设计的波士顿公共图书馆（1895年）。有些人非常喜欢它。我认为它还不错，但有些乏味，就像杜兰德的绘画——几乎是工业风的、干巴巴而图形化的——尽管它是由漂亮的花岗岩建造的。它就那样自豪地矗立着，对其周围发生的精彩戏剧——一场对它而言毫无意义的奇异戏剧——无动于衷。这种二元论还体现在欧洲与美洲之间，这一点也很重要。你们中的一些人可能知道，三一教堂深受理查德森在巴黎学习和游历西班牙时所喜爱的西班牙罗马式风格的影响，而另一座建筑则是美国的发明：摩天大楼。约翰·汉考克大厦可能是最后一座真正意义上的美国摩天大楼。它具有非物质化、美丽、纯粹的姿态：约翰·汉考克大厦的对话和二元性是持久的，它从形式扩展到哲学——在美学和哲学上都是如此。理查德森的作品明显与超验主义有关，而科布的作品则植根于极简主义，当时这已不仅仅是一种视觉形式，而且是一种思考和生活的方式：一种哲学。所有这些二元性创造了一种不仅是几何上的，也是概念上、材质上的有趣张力，渗透到每一个层面，定义了美国最密集的城市空间之一。

另一座位于波士顿（实际上是剑桥）的建筑，由与这个学派（以及本人，原因显而易见）密切相关的人物设计：约瑟普·路易斯·塞特。让我们来参观他在距这里几个街区的地方建造的房子——一座非常小但极其有趣的房子。在这种寒冷气候中使用庭院或天井真是奇怪。多亏了伊内斯·萨尔迪恩多，我们才有机会在五月份参观它。当缓缓靠近时，我们开始闻到那些地中海松树特有的香味。这种气味让我们震惊：它与周围的环境格格不入，因此在敲门前，我们就发现了围绕房子策略性种植的七棵松树，并对它们表示敬意。我猜没有建筑师会注意到它们，但我们立刻明白，这些松树是由约瑟普·路易斯和他的妻子蒙查种植的。房子的现任主人确认了这一点，他们与塞特夫妇相当熟悉。这看似是一个小细节，但对于一个来自地中海地区、搬到剑桥生活的人来说，这不仅仅是一个装饰性细节。房子是一座庭院式住宅，旨在创造一个室外的内部空间。这种二元性非常有效地放大了房屋的视觉规模，将其与环境联系起来，同时庭院保留了其内部空间的私密性。因此，松树的存在是很重要的，它创造了一处他们喜爱的个性化的、令人回味的环境。但这些树不仅仅是因为它们的香气而存在，它们创造了一个独特的视角：从内部空间来看，周围的环境是隐藏的；透过窗户只能看到其他的松树。我们的视野里只有松树。但接下来，你就会发现这并不是一次随意的尝试。首先，将与伊维萨岛有情感联系的房子带到波士顿的想法——在那里他们有他们的夏季住宅，同样是一座被松树环绕的庭院式住宅——既美丽又疯狂。他们想要将某些东西带到剑桥，这在热力学的角度上完全荒谬，但在文化的角度上却非常合理。坦白地说，我也希望能从我们剑桥的房子里闻到松树的香气。同时，将房子的树木变成项目核心的想法是一个二元论的想法，我们几个月后在设计珠海当代美术馆时几乎将这个美好的想法完全照搬。庭院是项目的关键元素，与建筑所在的炎热潮湿气候直接相关。我们设计了结合形式和功能的人造树，以提高户外空间的舒适度，并为整个设计增色。虽然它们明显借鉴了塞特的松树，但是它们与塞特房子的树木起着不同的作用，因为它们带来了舒适和愉悦的体验，同时也重新塑造了整片区域的特征。

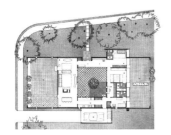 

约瑟普·路易斯·塞特在剑桥的房子，1957年。

现在我们转向当下，讨论另一位GSD的杰出人物雷姆·库哈斯，以及这个我将其描述为标志着建筑界新当代主义降临的项目：巴黎图书馆。这是一个将我们从现代主义及其相关现象，引向一个完全不同的文化立场和学科理解的项目。也许，如果它真的被建成，它不会像一个非实地、具有二元性的项目那样充满魔力。尽管如此，它还是呈现出了一种反摩天大楼的形象。它改变了比例，并将挖掘工作内化，强调了内部而非外部。现代摩天大楼以其纤细的外形和主导性的视觉控制而闻名。这个项目则完全相反，它颠覆了摩天大楼的整个传统。矛盾的是，它在某种程度上是勒·柯布西耶的直接继承者，因为它可以被视为一座巨型的萨伏伊别墅。它挖掘出的建筑长廊实际上是引用了（或者说仅仅是玩弄了）勒·柯布西耶，创造出了一个上有阳台、下部是如同以回环为终点的过山车的空间。但它在这些挖掘的部分与形成实心立方体的大量信息之间，创造了令人难以置信的张力。阳台是建筑与外界的联系点。外立面平平无奇，故意显得无趣。这让我想到了另一位伟大的巴黎建筑评论家雅克·塔蒂及其电影《玩乐时光》，在这部电影中，你永远处于无尽的室内，只能通过旋转门的玻璃反射看到巴黎。在这里，你根本看不到真正的巴黎。你可能记得库哈斯只展示了一幅立面图，立面图上以云朵作为幕墙的图案。所有这些设计手法和理念构成了与摩天大楼传统的一系列冲突。他与勒·柯布西耶的关联极富幽默性；基于创造非常有趣的悖论，构成了建筑的智性二元论：虽然它假装是一座摩天大楼，但它实际上是对勒·柯布西耶室内风景如画派建筑长廊的回应。现在，它们在一个大型的、实心的、不透明的立方体中淡然地挥手示意。

几周前，彼得·库克在这里演讲时提到了柏林的路德维希·利奥：另一个美丽的怪兽，即位于柏林蒂尔加滕的水力研究中心的循环水池，该项目于1967年至1974年间建造。这是一个真实建造的怪兽；一个美丽的粉红色的双重性怪兽。

从技术上讲，它与所处的运河有一定的联系，但几十年来，由于其双重构造的粗犷风格，它一直是柏林最有趣、最引人注目的建

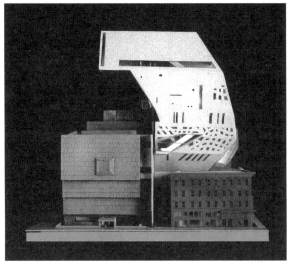

水力研究中心的循环水池，路德维希·利奥，柏林，1974年。
惠特尼博物馆扩建，OMA，纽约，2001年。

筑之一。这与雷姆·库哈斯为纽约惠特尼博物馆提出的扩建方案有着密切的形态联系，我个人认为这也是OMA的杰出项目之一。这里再次展现了明显的二元对立——原惠特尼与新惠特尼之间的张力和冲突，后者以近乎怪物般的姿态靠近布鲁尔的建筑，目的是彻底转变其在城市结构中的主导地位。路德维希·利奥建筑的某些部分，以及库哈斯的巴黎图书馆方案，都以某种方式在这个惠特尼博物馆扩建竞赛方案中有所体现。没能看到它的建成，实在令人遗憾。

在提供一些当代示例的最后，我要带您参观另一位本校教授的作品：雅克·赫尔佐格和皮埃尔·德·梅隆最近完成的一个二元论项目——汉堡的易北爱乐音乐厅，这可能是他们职业生涯的巅峰之作。通往上层的自动扶梯上的仪式性长廊与雷姆·库哈斯的图书馆项目有异曲同工之妙。这又是一个通过长廊挖掘出来的实体，这里不是过山车，而是一个洞穴，它寄生在一栋既有的工业建筑上，现在充当着基座的角色。主厅可以被视为传统石板中的洞穴。这种怪异的状态通过材料的分层结构表现出来，这种随时间段划分的分层结构强调了它与易北河有着密切的联系。

我们虽然可以继续探讨与城市和GSD相关的一系列充满风景如画派美学的怪异二元论案例，但我更倾向于转向其他的地域和时代。比如，位于斯普利特的戴克里先宫殿。这座壮观的罗马宫殿面朝亚得里亚海，从其最初的布局演化成了一个中世纪的小村庄，这一过程改变并再利用了许多具有纪念意义的形式和材料。在宏观的尺度上，它展示了在我们的观念中一种随时间演变的二元论，

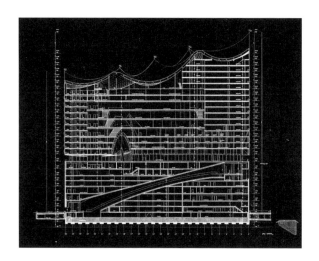

易北爱乐音乐厅，赫尔佐格＆德·梅隆，汉堡，2003—2016年。

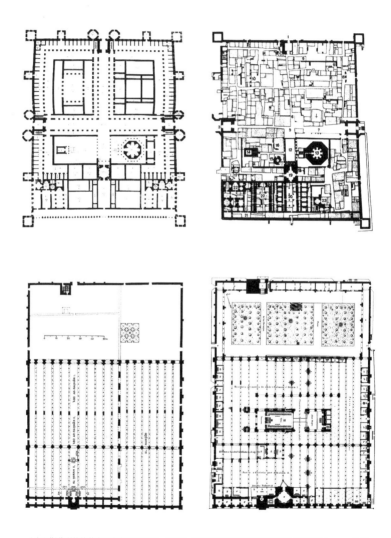

（上）斯普利特的戴克里先宫殿平面图，4世纪，以及克罗地亚斯普利特市哥特式建筑区在7—13世纪间的平面图。

（下）科尔多瓦大清真寺原始规划，8—10世纪，大教堂改造计划，16世纪。

或者说"熵式二元论"。这种情况时有发生，创造出一种纪念性的差异，同时展现了过去与未来，展现了不同文化在一个熵式集合中的重叠构造。罗马的秩序与对废墟的哥特式再利用相结合，在地中海海岸创造了最具吸引力和令人愉悦的景观之一。几乎所有对罗马时期很重要的元素都经过了重新赋予语境、改变规模和用途的处理。原本的神庙如今变成了广场，使用方式发生了颠倒，将神圣转化为世俗，内向变为外向，私密转为公共，皇帝的宫殿变成了中世纪的村庄。这种文化分层产生了一种独一无二且极其丰富的体验——这是阿尔多·罗西深爱并频繁探讨的，他将其作为城市中形态持久性的典范。

如果我们前往西班牙的科尔多瓦，我们会发现另一个引人注目的例子，那就是豪尔赫·希尔韦蒂和拉斐尔·莫内欧特别喜爱的科尔多瓦大清真寺。这座大清真寺建于原罗马广场的遗址上，使用了该广场的原始材料。因此，它具有三个历史层次：摩尔人建造的清真寺在历史的长河中经历了多次扩建，大量使用了罗马广场丰富的大理石柱材料；但当基督徒占领这座城市时，他们在构成清真寺的罗马圆柱森林中建造了一座大教堂，这座大教堂保留了清真寺整体布局的节奏，并使用其内墙作为结构支撑。这创造了一种独特的文化混合体，同时也是对组织方案的适应能力以及建筑师处理这种局面的精湛技艺的卓越展现。

尽管经过精心的几何同化处理，两个内部空间（大教堂和清真寺）仍然能完全区别开来。清真寺的暗色水平面与教堂的明亮垂直面形成鲜明的对比；罗马柱支撑着摩尔式拱门，这些拱门又被晚期哥特式和文艺复兴风格的结构所环绕。尖塔同样通过改变上部的形式和风格转变成钟楼，这一设计在塞维利亚的吉拉尔达塔上也有所体现，后者对美国装饰艺术风格摩天大楼产生了巨大影响——这是又一次欧美对话中的时间穿梭。所有这些元素构成了成功的时间或熵式二元论。在网络上看到的清真寺-大教堂的内部图片都是在人工照明状态下的。当关掉灯光——这需要等待三小时并给看护人员一些小费——内部就会展示出它惊人的原始之美。环境非常暗，你的眼睛需要几分钟时间来适应。但一旦适应，拱门就似乎消失在黑暗中。

随后，哥特式和文艺复兴风格相融合的大教堂引入了垂直光线的突破性设计。进入这个空间，你会发现，这两种原本难以结合的时代和风格，达成了一种和谐共存的协议，保留了它们各自的特色，并通过罗马柱营造出一种非常独特的和谐。因此，这成为了地中海文化融合后形成的一种特殊的双重或三重怪异体的完美示例。

在同一脉络中的另一座西班牙建筑是埃尔埃斯科里亚尔修道院，这座巨大的建筑将大教堂、修道院和宫殿结合在一起，以模仿戴克里先宫殿的纪念性规模和空间布局。埃尔埃斯科里亚尔修道院和戴克里先宫殿虽然尺寸相当，但前者融合的部分和功能则是古典与中世纪类型学、本地技术和具象引用的复杂组合，包括由奥地利皇室作为其身份的标志而引入的卡斯蒂利亚特有斜屋顶。这种斜屋顶完全不符合马德里的传统和气候。菲利普二世家族将其带入西班牙，从而开创了一种传统和风格，在该地区得以广泛传播。再次，正如塞特的松树所展示的那样，地方身份的转移产生了复杂的层次，表明在建筑设计中没有绝对的客观性，二元论和怪异性在众多不同的空间和层面中穿梭。

我们可以在此结束对不同类型二元论的追寻，并通过两位建筑师——勒·柯布西耶和雷姆·库哈斯——来结束这场讲座，他们在某种程度上体现了一种独特的现代与后现代的二元论。我希望通过深入探讨他们的二元主义宣言来圆满结束这次讨论。

勒·柯布西耶是现代主义二元论的大师，这一点在他的书籍和宣言中尤为明显。例如，他的标题本身就非常明显："一座房子——一座宫殿"。这个标题本身就是一份宣言，即使在还未翻阅任何一页之前，你就能理解他的意思。如果一位建筑师能将最简单的住宅和最精致的宫殿联系起来，那么整个建筑概念就得以实现——整个系统便显现出来。不是所有人都能通过这个测试，但所有伟大的建筑师都做到了。《走向新建筑》第134—135页的视觉二元主义宣言是另一个绝佳例子，这两页构成了有史以来最有力的建筑宣言——无需更多内容就能理解现代主义的基本原理及其内部斗争。历史与未来、静态与动态、脆弱与坚固、技术与记忆等多种二元对立在此被浓缩，并以简洁、令人难忘的方式得到描述。

如果我们以库哈斯在威尼斯建筑双年展上的最新宣言及其装置作品为结尾，我们会发现一个相似的情境。这可能是他策展的第14届双年展中，我们所有人都将记住的唯一一份作品。它提出了一个极为相关的问题：在经历了一百年的现代主义之后，我们现在处于什么位置？我们是否处于被精密控制、空调调节的"垃圾空间"环境中?或者我们是否正在与那些通过形态、材质和装饰塑造建筑的其他文化重新建立联系?也许我们现在无法解决这种冲突或二元性,但这种冲突或许正是悄然贯穿在所有试图努力达成新的当代建筑观念中的二元对立。

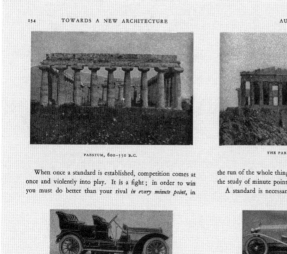

勒·柯布西耶的著作《走向新建筑》第134—135页,1923年。

天花板，建筑要素，第14届威尼斯建筑双年展中央馆，2014年。

参考文献

怪诞—身体

Nietzsche, F. (1974). The gay science. Vintage Books.

求知者的建筑学

Ábalos, I. & Herreros, J. (2003). Tower and office: From modernist theory to contemporary practice. Cambridge, MA: MIT Press.

Ábalos, I. & Ibañez, D. (2012). Thermodynamics applied to highrise and mixed use prototypes. Harvard Graduate School of Design.

Agamben, G. & Kotsko, A. (2013). The highest poverty: Monastic rules and form-of-life. Stanford University Press.

Ballard,J. G. (2012). High-rise. Liveright Pub.

Braunfels, W. (1993). Monasteries of Western Europe: The architecture of the orders. New York: Thames and Hudson.

Clifton-Taylor, A. (1967). The cathedrals of England (World of art library: Architecture). London: Thames & Hudson.

Conant, K. (1968). Cluny: Les églises et lamaison du chef d'ordre. Cambridge, MA: Mediaeval Academy of America.

Durkheim E., & Halbwachs, M. (1938). L'évolution pédagogique en France. F. Alcan.

Eschapasse, M. (1963). L'architecture bénédictine en Europe (Architectures, no. 1). Paris: Éditions des Deux-Mondes.

Koolhaas, R. (1994). Delirious New York:A retroactive manifesto for Manhattan (New ed.). New York: Monacelli Press.

Kopp, A. (1967). Ville etrévolution: architecture et urbanisme soviétiques des années vingt (1st ed.). Éditions Anthropos.

Lissitzky, E. (1929). The reconstruction of architecture in the Soviet Union.

Martí Arís, C. (2014). Las variaciones de la identidad: Ensayo sobre el tipo enarquitectura (Colección Arquia/temas, no. 36). Barcelona: Fundación Caja de Arquitectos.

Nietzsche, F. (1974). The gay science. Vintage Books.

Wilson, R., Lasala, J., & Sherwood, P. (2009). Thomas Jefferson's academical village: The creation of an architectural masterpiece (rev. ed.). Charlottesville: University of Virginia Press.

与安德烈斯·德·万德维拉的对话

Chueca Goitia, F. (1954). Andrés de Vandelvira (Artes y artistas). Madrid: Laboratorio de Arte de la Universidad de Sevilla, Instituto Diego Velázquez, del Consejo Superior de Investigaciones Científicas.

De Vandelvira, A. (2015). Libro detrazas de cortes de piedras. Madrid: Instituto Juande Herrera. DeVandelvira,A., Llimargas, M., & Palacio Provincial. (2007). Vandelvira, Renacimiento del sur: 500 aniversario: exposición, Jaén, January–March 2008, Salas Provinciales de Exposiciones, Palacio Provincial. Diputación Provincial de Jaén.

Pretel Marín, A. (2005). Andrés de Vandelvira. V Centenario. Albacete: Instituto de Estudios Albacetenses "Don Juan Manuel" de la Excma. Diputación de Albacete.

超验主义与实证主义之间的怪异邂逅

Burke, E. ([1756] 1990). A philosophical enquiry into the origin of our ideas of the sublime and the beautiful. Oxford University Press.

Collins, P. (1965). Changing ideas in modern architecture: 1750–1950. Faber & Faber.

Fariello, F. (1967). Architettura dei giardini. Edizioni dell'Ateneo.

Fenton,J. (1985). Hybrid buildings (Pamphlet architecture, no. 11).

Humphry, R. (1976). The red books of Humphry Repton. Basilisk Press.

Hussey, C. (1927). The picturesque: Studies in a point of view. G.P. Putnam's Sons. Knight, R. P. (1804). An analytical inquiry into the principles of taste.

Olmsted, F. L. (1887). Report of the Landscape Architect Advisory.

Price, U. (1794). An analytical essay on the picturesque as compared with the sublime and the beautiful. Hereford. Extended at. (1810). Essays on the picturesque. Madman, 21–22.

Rosenwein, R. & Blackman, E. (1992). The park and the people. Cornell University Press.

Walker, P. & Simo, M. L. (1994). Invisible gardens: The search for modernism in the American landscape. MIT Press.

Whitely, T. (1770). Observations on modern gardening. Printed for James Williams.

Zaitzevsky, C. (1982). Frederick Law Olmsted and the Boston park system. Belknap Press.

罗伯特·史密森：风景如画派熵学家

Flam. J. & Smithson, R. (1996). Robert Smithson: The collected writings. University of California Press.

Hobbs, R. & Smithson, R. (1981). Robert Smithson: Sculpture. Cornell University Press.

Hobbs, R. & Smithson, R. (1982). Robert Smithson: A retrospective view. Herbert F. Johnson Museum of Art.

Price. C. & Hardingham, S. (2016). Cedric Price works 1952–2003. Architectural Association. Robert Smithson exhibition catalogue. (1993). IVAM.

Roberts. J. L. & Smithson, R. (2004). Mirror-travels. Yale University Press.

Shapiro, G. (1995). Earthwards: Robert Smithson and art after Babel. University of California Press.

Smithson, R. & Holt, N. (1979). The writings of Robert Smithson: Essays with illustrations. New York University Press.

Tsai, E., Butler, C. H., Crow, T. E., Alberro, A., Roth, M., Smithson, R., & Museum of Contemporary Art. (2004). Robert Smithson. Museum of Contemporary Art; University of California Press.

三座狂想摩天大楼

Ábalos, I. (2010). Laboratorio Gran Vía. Fundación Telefónica.

Ábalos, I. & Taut, B. (1997). Bruno Taut: Escritos Expresionistas. El Croquis Editorial.

Banham, R. (1971). Los Angeles: The architecture of four ecologies. Harper and Row.

Koolhaas, R. (1994). Delirious New York:A retroactive manifesto for Manhattan (New ed.). New York: Monacelli Press.

Nietzsche, F. (1994, orig. 1872). The birth of tragedy. Penguin Classics.

Nietzsche, F. (1974). The gay science. Vintage Books.

Nietzsche, F., Hill, R. K., & Scarpitti, M. A. (2017). The will to power: Selections from the notebooks of the 1880s. Penguin Books.

Taut, B. (1919). Die Stadtkrone. E. Diedrichs.

Taut, B. (1919). Alpine architektur: in 5 teilen und 30 zeichnungen des architekten. Hogeni.

Taut, B. (1920). Der Weltbaumeister: Architektur-Schauspiel fürsymphonische Musik, dem Geiste Paul Scheerbarts gewidmet. Folkwang-Verlag.

Taut, B. (1920). Die Auflösung der Städte; oder, Die Erde eine gute Wohnung; oder auch. Erschienenim Folkwang.

VV. AA. (1919). "El Concursode Anteproyectos para el Edificio del Círculode Bellas Artes de Madrid." Revista Architectura, n. 16 (August).

二元论

Huizinga, J. (1938). Homo ludens, proeve eener bepaling van hetspel-element der cultuur. English edition (1971). Homo Ludens:A study of the play-element in culture. Bacon Press.

Le Corbusier. (1923). Vers une Architecture. Édzitions Crès.

Le Corbusier. (1928). Une Maison—Un Palais. Éditions Crès.

Lévi-Strauss, C. (1962). La pensée sauvage. English edition (1966). The savage mind. Weidenfeld & Nicolson.

Rorty, R. (1989). Contingency, irony, and solidarity. Cambridge University Press.

Roussel, R. (1935). Comment j'ai écrit certains de mes livres.

译名表

Taylorist 泰勒主义

Cubist 立体主义

Sainte-Baume 圣博姆

Sainte-Victoire 圣维克多山

Ronchamp 朗香教堂

OMA 大都会建筑事务所

Très Grande Bibliothèque 法国国家图书馆

promenade architecturale 漫游式建筑

求知者的建筑学

Monastery of Royaumont 罗亚蒙修道院

Communal House 公共住宅

Mikhail Barshch 米哈伊尔·巴尔什

Vladimir Vladimirov 弗拉基米尔·弗拉基米罗夫

Atlanpole 亚特兰波尔

Hans Kollhoff 汉斯·科尔霍夫

Phalanstère 费南斯特

Charles Fourier 查尔斯·傅立叶

mixed use 混合使用

socialist phalanstery 社会主义共和社区

communist kommuna 共产主义公社

Cistercian 西多会

Carthusian 加尔都西会

Cluny Abbey 克吕尼修道院

Louis Prévost 路易斯·普雷沃斯特

Clairvaux 克莱尔沃

cloister 回廊

Modernist 现代主义

Louis Sullivan 路易斯·沙利文

Romanesque Auditorium 罗马式礼堂

John Hankcock Center 约翰·汉考克中心

Tower and Office 《塔楼与办公楼》

Michael Hays 迈克尔·海斯

The Good Life 《美好生活》

Thermodynamics, Architecture and Beauty 《建筑热力学与美》

vita contemplativa 沉思生活

vita religiosa 宗教生活

Auditorium Building 礼堂大楼

Monasteries of St. Catherine 圣凯瑟琳修道院

Cluny I 克吕尼修道院 I

Cluny III 克吕尼修道院 III

cenobite 修道士

monazein 独居

koinos（common） 共同

bios（life） 生活

Fontenay 丰特奈

Eberbach 埃伯巴赫

Poblet 波布莱

Maulbronn 莫尔布龙

chapter house 礼拜堂

refectory （修道院）餐厅

Cathedral of Wells 威尔斯大教堂

Benedictine Monastery 本笃会修道院

Santo Domingo de Silos 圣多明各德西洛斯

Santa Maria de la Huerta 圣玛丽亚德拉韦尔塔

Montalegre 蒙塔莱格里

San Lorenzo di Padula 圣洛伦佐迪帕杜拉

Cathedral of York 约克大教堂

St. Etienne 圣艾蒂安

Gloucester 格洛斯特

Saint Gall 圣加尔

Haito 海托

Reichenau 赖兴瑙

Basel 巴塞尔

Saint Bernard 圣伯纳德

Thoronet 索罗内特

Christine Smith 克里斯汀·史密斯

summum bonum 至善

与安德烈斯·德·万德维拉的对话

超验主义与实证主义之间的怪异邂逅

transcendentalism　超验主义

positivism　实证主义

Unitarian　一神论派

Congregationalist Protestants　公理会新教徒

Utopian socialist acolytes　乌托邦社会主义者

transcendentalists　超验主义者

Rosenzweig　罗森茨威格

Blackmar　布莱克马尔

The park and the people: A history of Central Park《公园与人民：中央公园的历史》

Henry Holt　亨利·霍尔特

Jone's Wood　琼斯林地

Fernando Wood　费尔南多·伍德

Jean-Charles Adolphe Alphand　让-查尔斯·阿道夫·阿尔方

Joseph Paxton　约瑟夫·帕克斯顿

Vista Rock　维斯塔岩

Egbert Viele　埃格伯特·维勒

Charles Elliott　查尔斯·埃利奥特

Calvert Vaux　卡尔弗特·沃克斯

Andrew Jackson Downing　安德鲁·杰克逊·唐宁

Richard Payne Knight　理查德·佩恩·奈特

William Gilpin　威廉·吉尔平

The Landscape　《风景》

Thomas Lawrence　托马斯·劳伦斯

Thomas Hearne　托马斯·赫恩

Benjamin Thomas Pouncy　本杰明·托马斯·庞西

Claude Lorrain　克劳德·洛兰

Nicolas Poussin　尼古拉斯·普桑

Salvatore Rosa　萨尔瓦托·罗萨

Horace Walpole　霍勒斯·沃波尔

Earl of Orford　奥福德伯爵

Richard Bentley　理查德·本特利

Alexander Pope　亚历山大·波普

Lancelot Brown　兰斯洛特·布朗

William Kent　威廉·肯特

Humphry Repton　胡弗莱·雷普顿

Hereford　赫里福德

Mawman　莫曼

Greensward Plan　草坪计划

Kensett　肯赛特

Hudson　哈德逊河

John Brachmann　约翰·布拉赫曼

genius loci　场所精神

Arcadian　阿卡迪亚式

Richard Earl of Burlington　理查德·伯灵顿伯爵

Gilliver　吉利弗

Nicol　尼科尔

Ramble　漫游

Parade　游行广场

Sheep Meadow　绵羊草地

empiricism　经验主义

Barón Haussman　巴伦·奥斯曼

Parc des Buttes-Chaumont　肖蒙山丘公园

Humboldt　洪堡

George Waring Jr.　小乔治·沃林

William Giant　威廉·吉安特

Ignaz Pilát　伊格纳茨·皮拉特

Joseph Fenton　约瑟夫·芬顿

Pamphlet Architecture　《建筑学小册子》

The Alphabetical City　《字母城市》

twin tower block　双塔街区

Rockefeller Center　洛克菲勒中心

Lee Friedlander　李·弗里德兰德

Phyllis Lambert　菲利斯·兰伯特

Viewing Olmsted　《凝视奥姆斯特德》

Ville Radieuse　光辉城市

land artist 地景艺术家

Charles L'Eplattenier 查尔斯·莱普拉特尼埃

Cartesian 笛卡尔式

primitivism 原始主义

Sigfried Giedion 西格弗里德·吉迪恩

Space, Time and Architecture 《空间·时间·建筑》

half-fascist 半法西斯主义

CIAM 国际现代建筑协会

Athens Charters 雅典宪章

Rem Koolhaas 雷姆·库哈斯

generic city 通属城市

Rue Molinot 莫利诺街

Chestnut Hill 栗山丘

Give Me a Laboratory and I Will Raise the World 《给我一个实验室，我就能撬起世界》

Bruno Latour 布鲁诺·拉图尔

Pasteur 巴斯德

Back Bay Fens 后湾沼泽

Rio de Janeiro 里约热内卢

Rue de Sèvres 塞弗尔路

Henry Hobson Richardson 亨利·霍博森·理查德森

Sugarloaf Mountain 糖果山

Copacabana 科帕卡巴纳

Ipanema 伊帕内玛

罗伯特·史密森：风景如画派熵学家

entropologist 熵学家

Great North Quarry 大北采石场

Nancy Holt 南希·霍尔特

Amarillo 阿马里洛

Gordon Matta-Clark 戈登·马塔-克拉克

earthworks 大地艺术

material culture 物质文化

Dawn 道恩

Artforum 《艺术论坛》

Great Salt Lake 大盐湖

Spiral Jetty 螺旋堤

William Carlos Williams 威廉·卡洛斯·威廉姆斯

Paterson 《帕特森》

New Directions 《新方向》

Javier Maderuelo 哈维尔·马德鲁埃洛

Trevi Fountain 特雷维喷泉

Colosseum 斗兽场

Roman Forum 罗马广场

Castel Sant'Angelo 圣天使堡

Buster Keaton 巴斯特·基顿

Oberhausen 奥伯豪森

Bernard 伯纳德

Hilla Becher 希拉·贝歇尔

Cedric Price 塞德里克·普赖斯

North Staffordshire 北斯塔福德郡

Potteries Thinkbelt 陶瓷工业思考带

Stanley Matthews 斯坦利·马修斯

Robert Hobbs 罗伯特·霍布斯

Claude Lévi-Strauss 克劳德·列维-斯特劳斯

The Savage Mind 《野性的思维》

Tristes Tropiques 《忧郁的热带》

Philip Ursprung 菲利普·乌斯普龙

Tippets 蒂佩特

Abbett 阿贝特

McCarthy & Stratton 麦卡锡和斯特拉顿事务所

Walter Prokotsch 沃尔特·普罗科茨

Dallas/ Fort Worth Airport 达拉斯／沃斯堡机场

mega-structures 巨型建筑

Virginia Dawn 维吉尼亚·道恩

图片版权

怪诞—身体

© Fondation Le Corbusier, P16

© OMA, P16

求知者的建筑学

© Hans Kollhoff, P18

© OMA, P25, P50

© Martin Hürlimann and others, P30—P31

© H Felton, P31

© Hisao Suzuki, P36—P37

© BIG, P50

© Herzog & de Meuron, P50

© Ábalos+Sentkiewicz, P50

© Caio Barboza, Sofia Blanco Santos, P54

© Huang Xiaokai, P55

与安德烈斯·德·万德维拉的对话

© Fernando Chueca Goitia, Luis Cano Martínez, Ernesto Ontoria Guardamuros, Luis Berges Roldán, Ángel Nieto Donaire, Fotografía Baras (Úbeda), Fotografía Ortega (Jaén), P63—P88

© Museo Nacional del Prado, P93

超验主义与实证主义之间的怪异邂逅

© National Park Service, Frederick Law Olmsted National Historic Site,

罗伯特·史密森：风景如画派熵学家

三座狂想摩天大楼

二元论

光 明 城

LUMINOCITY

"光明城"是同济大学出版社城市、建筑、设计专业出版品牌，致力以更新的出版理念、更敏锐的视角、更积极的态度，回应今天中国城市、建筑与设计领域的问题。